Monika Schaal

HUNDESPRACHE ERKENNEN – Verhalten verstehen

Dolmetscher für Hundehalter

Müller Rüschlikon

Einbandgestaltung: R2 I Ravenstein, Verden

Titelfoto: Sonja Felgner

Iris Bach: Seite 58, 59, 76, 79, 87; Sandra Benzing: Seite 78, 121, 141, 172, Umschlag-Rückseite; Melissa Brück-Schaal: Seite 24, 25, 47 oben, 113 unten, 120 unten re., 165; Daniele Cluss: Seite 23, 108, 150 unten, 162 oben; Ursula Daugschieß-Thumm: Seite 117 unten; Martina Empen: Seite 15 oben re., 19, 41, 45 oben re., 56. 77. 85. 93, 94, 96, 107, 118, 134, 150 oben, 163; Sonja Felgner: Seite 100, 101, 110, 127, 129, 170/171; Petra Rammelsberger: Seite 47 unten; Monika Schaal: Seite 46, 48, 106, 144, 153, 159, 168; Schnappschuss-Jäger Photography: Seite 136;

Alle anderen Fotos: Britta und Michael Streck

ISBN 978-3-275-02289-2

Postfach 103743, 70032 Stuttgart
Ein Unternehmen der Paul Pietsch Verlage GmbH & Co. KG

1. Auflage 2023

Sie finden uns im Internet unter www.mueller-rueschlikon-verlag.de

Gesamtleitung: Claudia König
Innengestaltung: R2 I Ravenstein, Verden
Druck und Bindung: Graspo CZ, 76302 Zlin
Printed in Czech Republic

INHALT

Gut sozialisierte Hunde verständigen sich in der Regel problemlos.

Wir Menschen müssen meist etwas üben, bis wir alle Signale erkennen und verstehen.

VORWORT

Als ich meinen Hundefreunden und Kursteilnehmern von diesem Buchprojekt erzählte, sprudelten mir viele Übersetzungswünsche entgegen: Warum macht mein Hund das? Was bedeutet es, wenn ...? Woran hätte ich erkennen können, dass ...? Weshalb begreift er meine Mitteilung nicht, will er mich nicht verstehen, kann er es nicht?

Die Fragen kamen nicht nur von den Neulingen, auch versierte Hundehalter kennen Momente, in denen der sonst so vertraute Begleiter plötzlich Rätsel aufgibt. Wie hilfreich wäre da eine große Sprechblase über dem Hundekopf, in welcher der Vierbeiner erklärt, wie er die Situation erlebt, was er als nächstes vorhat und im Idealfall auch noch mitteilt, was er in diesem Moment von uns erwartet.

Mit diesem Buch möchte ich Ihnen und Ihrem Hund als Dolmetscher zur Seite stehen. Meine Aufgabe besteht zunächst darin, dass ich – in Gedanken – neben Ihnen hergehe und Sie auf die Mitteilungen Ihres Hundes aufmerksam mache. Dadurch entwickeln Sie zunehmend einen Blick für seine Signale und bemerken immer häufiger auch die kurzen und fast unscheinbaren Zeichen.

Gleichzeitig übersetze ich die Aussage der Signale und trainiere mit Ihnen zusammen an Ihrer Entscheidungskompetenz. Vermutlich möchten Sie nicht nur erkennen und verstehen, was der Hund gerade mitteilt, sondern auch wissen, wie Sie damit umgehen sollen. Wann können Sie es beim Wahrnehmen der Signale belassen oder erst einmal beobachten, wie sich die Sache weiterentwickelt, wann bzw. in welcher Form könnten Sie eingreifen und in welchen Momenten ist es nötig, zügig zu handeln. Dazu finden Sie an vielen Stellen des Buches kurze, praktische Tipps und auch ein paar grundsätzliche Überlegungen zum Umgang mit dem Vierbeiner.

Als Vermittler zwischen Hund und Mensch ist es mir wichtig, Missverständnisse aufzuklären, die

oft daraus entstehen, dass beide eine Situation aus ihrer Sicht betrachten und davon ausgehen, der andere würde sie genauso empfinden und dann auch ähnlich reagieren wie sie selbst.
Ich möchte dem Hund eine Stimme geben und Verständnis für sein Verhalten wecken. Seine Reaktionen irritieren sicher ab und an und sind wahrscheinlich nicht immer in Ihrem Sinne, aber sie passieren nicht zufällig oder aus einer Laune heraus. Für den Hund gibt es immer einen Grund, warum er sich gerade so verhält.

Und – ich möchte Sie anstecken mit meiner Begeisterung für Hundesprache und Hundeverhalten. Das enge Band zwischen Hund und Mensch, die Vertrautheit, die gute Zusammenarbeit entwickelte sich nicht zuletzt dadurch, dass Hund und Mensch sehr aneinander interessiert waren und sich stets im Blick hatten. Die allermeisten Hunde besitzen diesen Blick für uns Menschen weiterhin, uns ist er manches Mal ein wenig verloren gegangen und wir müssen ihn wiederbeleben. Der Hund braucht diese Achtsamkeit, er lebt in einer Welt, die von Menschen und deren Regeln und Erwartungen geprägt ist. Wir können ihn nicht fragen, wie er die unterschiedlichen Umgebungen und Alltagssituationen erlebt, in die wir ihn mitnehmen. Den oft gegebenen Ratschlag »Versetzen Sie sich in die Lage des Hundes« können wir nie vollumfänglich ausführen, auch wenn wir uns große Mühe geben. Wir können uns aber bewusst machen, dass Hunde vieles nun mal anders wahrnehmen und beurteilen als wir, uns dafür interessieren und ihm zuhören. Es ist so spannend, sich auf den Hund einzulassen, zu sehen, zu hören, zu fühlen wie er sich ausdrückt und dann seine Signale und Reaktionen immer besser zu verstehen.

Ich wünsche Ihnen viele vertraute Stunden mit Ihren Hunden – Ihre

Monika Schaal

DEN HUND LESEN LERNEN

Hunde reden mit ihrem gesamten Körper. Durch verschiedene Signale bzw. Signalkombinationen teilen sie ihre Emotionen und Absichten mit. Sie setzen Körperhaltung und Bewegungen gezielt ein, um sich auszudrücken, unterstreichen ihre optischen Signale durch Lautäußerungen und ergänzen sie mit geruchlichen Mitteilungen.

Beim Reden hat jeder Hund seinen individuellen Stil, der durch Genetik und körperliche Möglichkeiten mitbestimmt wird. So kann beispielsweise ein Vierbeiner mit dichtem Langhaar seine Nackenhaare kaum mehr erkennbar aufstellen, schwere Hängeohren sind gegenüber Stehohren deutlich unbeweglicher und die Mimik mancher Hunde ist durch ausgeprägte Hängelefzen oder viele Gesichtsfalten sehr eingeschränkt.

Neben den körperlichen Möglichkeiten spielen auch das Alter und Wohlbefinden eine Rolle. Ein Welpe bewegt sich anders als ein Senior oder ein Vierbeiner mit körperlichen Einschränkungen.

Zudem kann ein Hund gelernt haben, dass bestimmte Signale, wie kleine beschwichtigende Gesten, von Menschen nicht ausreichend beachtet oder richtig interpretiert werden. Als Folge wendet er diese zunehmend weniger an oder wird gleich deutlicher in seinen Bemühungen verstanden zu werden. Auch in Bezug auf Lautäußerungen gibt es erhebliche Unterschiede. Manche Vierbeiner sind da recht gesprächig, von anderen hört man nur ab und an etwas.

Die Körpersprache Ihres Hundes

Einige seiner Signale sind vermutlich nicht zu übersehen, andere werden nur kurz gezeigt oder bestehen aus so minimalen Veränderungen der Körperhaltung, dass man schon sehr genau hinschauen muss, um sie zu bemerken. Manche Gesten wirken wie zufällig, sind aber ein gezieltes Signal und an vieles hat man sich einfach gewöhnt: Der Hund leckt sich doch immer mal über die Schnauze, er schaut in bestimmten Situationen immer weg oder wedelt auf eine bestimmte Art und Weise. Bewusst wahrgenommen werden diese Signale häufig erst dann, wenn man direkt darauf hingewiesen wird. Betrachten Sie deshalb Ihren Vierbeiner immer mal wieder so, als würden Sie ihn neu kennenlernen.

Das soll nun keinesfalls dazu führen, dass Sie den besorgten Blick bekommen, in jedem Ohrzucken ein Signal sehen oder ständig hinterfragen, ob Sie etwas nicht bemerkt oder falsch interpretiert haben. Beobachten Sie Ihren Hund, aber bleiben Sie entspannt – er ist ein Freund, ein Belgleiter mit dem Sie den Alltag, Ihre Freude und Sorgen teilen, und kein wissenschaftliches Projekt.

Beobachten können Sie:

- Mimik (Ohren, Fang, Nasenrücken, Augen, Stirn, Zunge)
- Körperregionen (Kopf, Hals, Rücken, Rute, Vorder- und Hinterbeine, Fell)
- Körperhaltung und Ausrichtung, Muskelspannung
- Bewegungen (schnell, hektisch, angespannt, entspannt)
- Lautäußerungen, (Tonlage, Rhythmus, Dauer)
- Ausscheidungen (beispielsweise Speicheln, Kot- und Urinabsatz)

Seinen Normalausdruck, d.h. die Haltung, Bewegungen und Mimik, die der Hund zeigt, wenn er sich entspannt bewegt oder ruht, erkennen Sie am besten in einer vertrauten Umgebung ohne besondere Vorkommnisse. Versuchen Sie dabei so viele Details wie möglich wahrzunehmen: Wie ist die Rutenhaltung, die Stellung der Ohren, seine Mimik? Wie fühlt sich seine Muskulatur an in entspanntem Zustand? Wie schaut es aus, wenn er ausbalanciert auf allen vier Beinen steht?

Dann beobachten Sie ihn in unterschiedlichsten Situationen. Welche Veränderungen bemerken Sie in seinem Gang, seiner Mimik, seiner Haltung? Stellt er die Haare auf und an welchen Stellen: über den ganzen Rücken, im Nacken, am Rutenansatz? Schuppt oder haart er in bestimmten Momenten?

Konzentrieren Sie sich dabei erst einmal nur auf das, was Sie wahrnehmen. Lassen Sie sich nicht von vorschnellen Interpretationen beeinflussen wie »Wenn er die Rute oben trägt, ist er dominant«, »Er will nur Guten Tag sagen/spielen« oder »Wenn er sich an dich drückt, will er dich kontrollieren«.

Wahrnehmen mit allen Sinnen

Im Alltag haben Sie nicht immer den vollständigen Blick auf Ihren Hund oder sehen seine Mimik exakt von vorne. Oft ist der Vierbeiner angeleint mehr oder weniger neben Ihnen und Sie sind auf das angewiesen, was Sie spüren oder nur aus dem Augenwinkel bemerken.

Dabei kann Ihnen seine Körperspannung und -ausrichtung wichtige Hinweise über seine Gestimmtheit geben. Bei kurz behaarten Tieren sieht man recht gut, wenn sich die Muskeln anspannen, oft aber fühlt man es nur: durch die Hände, über die Leine oder im direkten Körperkontakt.

Was nehmen Sie wahr, wenn der Vierbeiner zögert oder kurz verharrt?

Welche Veränderungen spüren Sie über die Leine? Bemerken Sie es, wenn sich Ihr Hund etwas dichter an Sie drückt oder von Ihnen wegstrebt?

Oder wenn eine leichte Spannung auf die Leine kommt?

Wenn Sie sehr vertraut miteinander sind, spüren Sie manchmal sogar durch kleinste Vibrationen über Halsband und Leine, dass Ihr Hund gerade anfängt zu brummeln oder knurren, noch ehe Sie den ersten Ton hören.

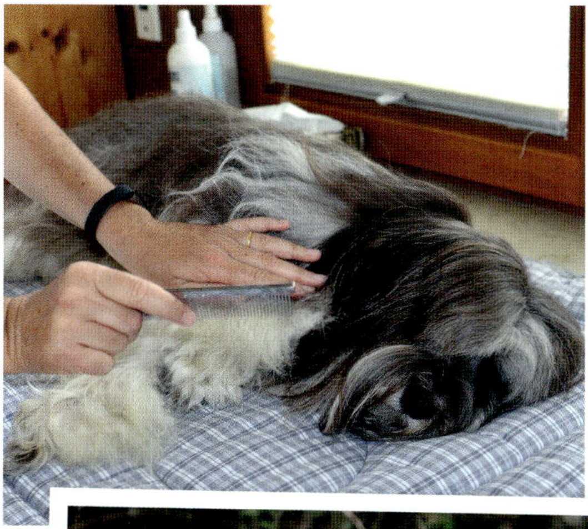

Berührungen vermitteln Zusammengehörigkeit, Vertrautheit, Wohlbefinden, Fürsorge und geben Ihnen gleichzeitig wichtige Informationen über die Gestimmtheit Ihres Hundes. Sie fühlen seine Anspannung, sein Kontaktsuchen, Abwehrbewegungen, ein leichtes Zittern oder sein entspanntes Neben-Ihnen-Sein.

Sie müssen den Hund nicht sogleich in einer unübersichtlichen oder stressigen Situation lesen und verstehen können. Suchen Sie sich unspektakuläre Momente, schauen Sie ihm beim Leben zu, wenn er beim Spazierengehen über die Wiese schlendert, beim Kuscheln neben Ihnen liegt oder mit wehenden Ohren auf Sie zugelaufen kommt. Entwickeln Sie einen Blick und ein Gefühl für seine Art sich auszudrücken. Hundesprache zu verstehen, braucht Zeit und viele gemeinsam erlebte Momente.

Irgendwann bemerken Sie die Signale Ihres Hundes auch dann, wenn Sie ihn nicht voll umfänglich im Blick haben. Sie spüren es einfach, wie sich Haltung oder Blickrichtung des neben Ihnen gehenden Vierbeiners verändert.

Nutzen Sie die Technik: Es ist völlig normal, dass Sie anfangs noch nicht alle Signale Ihres Vierbeiners wahrnehmen. Nicht umsonst verbringen beispielsweise Hundetrainer unzählige Stunden damit, Verhalten zu beobachten und zu beschreiben. Aber auch diese Fachleute müssen sich oftmals Sequenzen auf Video anschauen oder Fotos analysieren, um alle Feinheiten zu bemerken.

Bilder sind zwar nur eine Momentaufnahme, aber ausgesprochen hilfreich: Man kann sie immer wieder betrachten und bemerkt Nuancen, die auf den ersten Blick unentdeckt bleiben. Foto-Serien und Videos halten auch minimale Veränderungen fest oder zeigen, wie sich die Kommunikation zwischen zwei Hunden weiterentwickelt. Gerade für Momente, in denen Sie Ihren Hund nicht mit der nötigen Distanz beobachten, weil Sie z.B.

Stark behaarte Hunde sind meist etwas schwieriger zu lesen als kurzhaarige. Mimik und Muskelspannung sind kaum erkennbar, vor allem minimale Veränderungen lassen sich nur erahnen. Fotos in unterschiedlichen Lebenslagen können dazu beitragen, dass Sie zunehmend einen Blick, ein Gespür dafür entwickeln, was unter der Fellfülle vor sich geht.

In manchen Momenten wünschte man sich eine Zeitlupen-Wiederholung, um all die kleinen Signale mitzubekommen, die die Hundekommunikation so spannend machen.

einen ungünstigen Blickwinkel auf ihn haben oder emotional am Geschehen beteiligt sind wären Aufnahmen sehr hilfreich.

Die feinen Unterschiede und das große Ganze

Um zu verstehen, was genau der Hund ausdrückt brauchen Sie

- Den Blick auf die Gesamtsituation, d.h. die Summe seines Ausdrucksverhalten sowie die Situation, in der er sich gerade befindet. Das gibt Ihnen auch Auskunft darüber, ob der Hund gerade etwas mitteilt oder einfach nur lebt. Nicht jede Bewegung, jeder Atemzug hat eine tiefere Bedeutung.
- Einen Blick für die kleinen Nuancen im Ausdrucksverhalten. Manche Signale ähneln sich vordergründig, unterscheiden sich aber dennoch ein klein wenig voneinander und haben dadurch auch eine andere Aussage.

- Etwas Bauchgefühl, denn Beschreibungen mögen noch so sorgfältig sein, es lässt sich nie alles vollständig darstellen. Es ist fast unmöglich, die feinen Nuancen von Anspannung, die kleinen Veränderungen im Atemrhythmus oder bei Lautäußerungen exakt zu schildern. Man muss sie selbst wahrnehmen und auch bemerken, was dieses Quäntchen mehr oder weniger über die Gestimmtheit des Hundes aussagt.

Rutenbewegung sind nicht immer eine Botschaft. Hier wird die Rute einfach nur zum Ausbalancieren genutzt.

In den folgenden Kapiteln finden Sie bei der Beschreibung des Ausdrucksverhaltens jeweils Hinweise darauf, welche Signale zu einem bestimmten Stimmungsbild gehören und an welchen Details Sie bei ähnlich aussehenden Signalen die kleinen Unterschiede in der Aussage erkennen.

Das wohl bekannteste Beispiel dazu ist das Wedeln, es macht gleichzeitig auch deutlich, dass jeder Hund seinen individuellen Stil hat. Und erst wenn Sie diesen kennen, wissen Sie, ob er jetzt gerade davon abweicht.

Rutenbewegung	Stimmung
Leichtes Wedeln mit weich schwingender Rute sowie breites, weit ausholendes Wedeln – bei manchen Hunden schwingen dabei auch Becken und Rücken mit	Entspannt, zufrieden, freundlich
Langsames Wedeln mit eher tief gehaltener Rute	Leichte Unsicherheit, Unbehagen
Kleine, schnelle Rutenbewegungen	Die Aufregung nimmt zu
Propellerartiges Wedeln, oft mit Beteiligung des gesamten Hinterteils	Große Aufregung
Minimale, sehr steif wirkende Bewegungen mit der Rutenspitze, teilweise kommen die Bewegungen fast zum Stillstand	Zunehmende bzw. hohe Anspannung

Wedeln bedeutet nicht nur Freude, sondern besagt, dass der Hund in einer erhöhten oder sich steigernden Erregungslage ist. Die Ursache dafür kann Freude, Unsicherheit aber auch Anspannung und Aggression sein. Um die Stimmung des Hundes näher einzukreisen, helfen neben dem Gesamteindruck auch die Art der Rutenbewegungen und die Geschwindigkeit mit der gewedelt wird.

Ein weiteres Beispiel: Mein Hund hat mir die Zähne gezeigt – eine Drohgeste oder doch etwas anderes? Der häufigste Grund fürs Zähnezeigen ist das Drohen, offensiv oder defensiv. Manche Hunde grinsen jedoch auch »Zähne zeigend« beim Begrüßen von vertrauten Artgenossen oder Menschen und es gibt das unterwürfige (submissive) Grinsen, das ein Hund zeigt, wenn er sich in einer Situation unwohl fühlt und beschwichtigt.

Die dahinterliegende Emotion des Hundes erkennen Sie an der Art und Weise wie die Zähne gezeigt werden und indem Sie das gesamte Ausdrucksverhalten mit einbeziehen:

Offensiv Drohen	Defensiv Drohen	Begrüßungs-Grinsen Soziales Lächeln	Beschwichtigendes (submissives) Grinsen
Obere Vorderzähne sichtbar, weil der Hund die Oberlippe anhebt, Nasenrücken gekräuselt Maul geschlossen	Mehr oder weniger viele Zähne sichtbar, oftmals die komplette Zahnreihe Maul von leicht geöffnet bis weit aufgerissen	Meist nur Vorderzähne sichtbar, Maul wird dabei immer mal wieder geschlossen	Vorderzähne unten und teilweise auch oben sichtbar Maul fast geschlossen, manchmal mit Falten im Maulwinkel
Weitere Signale: Steife Bewegungen, Fixieren des Gegenübers, Kopf, Rücken und Rute bilden eine Linie, der gesamte Hund ist auf seinen »Gegner« ausgerichtet.	Weitere Signale: Kein Blickfixieren, aber Gegenüber wird im Auge behalten. Rute gesenkt, Körperschwerpunkt nach hinten verlagert, weg vom Gegenüber, Körper evtl. etwas abgeduckt.	Weitere Signale: Blick weich, offen auf Gegenüber gerichtet. Manchmal Niesen oder Schnauben, Rute tief, teilweise weit ausholende Rutenbewegung, entspannte Bewegungen, auf den anderen zugehen	Weitere Signale: Blickkontakt vermeiden Rute tief, evtl. leichtes, schnelles Wedeln. Bewegung eher weg vom Gegenüber. Stresszeichen, Anspannung, beschwichtigende Gesten

Deutliche Reaktionen sind die Spitze des Eisbergs. In den wenigsten Fällen löst eine Wahrnehmung oder ein Konflikt gleich heftige Reaktionen aus. Vieles läuft zunächst im Verborgenen, im Inneren des Vierbeiners ab. Dann folgen die ersten wahrnehmbaren Signale, die meist sehr unspektakulär sind, aber bereits einen Hinweis auf die Emotionen des Hundes geben. Er teilt uns mit, was in ihm vorgeht, und signalisiert dann seine Stimmung und seine Absichten immer deutlicher.

Plötzlich ist gar nicht so plötzlich

Manche Aktionen des Hundes treffen uns völlig unvorbereitet: plötzlich startet er durch und rennt in den Wald, auf einmal kämpfen die gerade noch spielenden Vierbeiner miteinander und völlig unerwartet knurrt er, wenn Sie ihm den Hausschuh wegnehmen wollen.

Könnten wir den Hund fragen, würde er antworten: **Das war nicht plötzlich!** Ich sage schon seit geraumer Zeit, dass ich mich für eine bestimmte Wahrnehmung interessiere oder signalisiere schon lange, in welcher Stimmung ich gerade bin. **DU** hat es nur nicht bemerkt! Und er hat recht. Gut – über das »Lange« könnte man diskutieren. Was unter Hunden als ausreichend lange gilt, sind für uns Menschen nur Sekundenbruchteile. Mit den Signalen hat er allerdings recht. Weil seine Mitteilung anfangs sehr minimal und unspektakulär sind, bemerken wir seine Reaktion oft erst, wenn er deutlicher wird oder es für ein Eingreifen schon (fast) zu spät ist.

Beobachten Sie vorrangig den Hund und nicht das Umfeld.

Vielleicht haben Sie sich angewöhnt, Ihr Umfeld stets im Blick zu behalten, weil Ihr Hund zu unerwünschten Reaktionen neigt und Sie deshalb darauf vorbereitet sein möchten. Sie scannen beim Spaziergang die Umgebung, haben entgegenkommende Personen oder Hund-Mensch-Teams immer im Blick und konzentrieren sich auf den Besucher, der Ihren Hund begrüßen möchte. Das ist nicht verkehrt, kann aber sehr anstrengend sein und bewahrt Sie nicht vor unliebsamen Reaktionen Ihres Vierbeiners.

Versuchen Sie den Schwerpunkt auf den Hund zu legen. Seine Signale sind der Maßstab und geben Hinweise darauf wie er in diesem Moment gestimmt ist und welche Reaktion als nächstes folgen könnte. Anfangs erkennen Sie nur die deutlichen Zeichen, das Plötzlich: Der Hund springt in die Leine, knurrt, bleibt ruckartig stehen oder rennt los. Mit der Zeit werden Ihnen auch die kleinen Signale vertraut, die diesen Reaktionen vorausgehen wie beispielsweise: Blick senken, Fixieren, Stirnrunzeln, über die Nase lecken, die leichte Stressfalte im Gesicht oder ein minimal veränderter Gang.

Vermutlich bemerken Sie auch, dass der Hund Ihnen oder einem vertrauten Artgenossen seiner Gruppe einen kurzen Seitenblick zuwirft, dass er Körperkontakt zu Ihnen aufnimmt oder sein Blick zwischen Zielobjekt und Ihnen hin und hergeht. Der Hund fragt, ob Sie den Reiz ebenfalls bemerkt haben und wie nun gehandelt werden soll.

Ich habe eine Vorliebe für diese unscheinbaren Signale und greife sie im Verlauf des Buches immer wieder auf, weil sie uns einen Blick ermöglichen in die Gedanken und das Vorhaben unserer Hunde. Je besser Sie seine Zeichen verstehen, umso zügiger und zielgerichteter können Sie handeln: ihn unterstützen, ehe er unerwünscht reagiert, ihm mitteilen, dass Sie sein Verhalten gut finden oder durch geschicktes Vorgehen die Situation entsprechend beeinflussen.

Lautäußerungen

Laute, vom Bellen bis zum leisen Fiepen sind Teil der hündischen Kommunikation. Um aus den Lauten auf die Stimmung des Hundes zu schließen, bieten Tonhöhe, Länge der Töne, Lautstärke und Klang einen guten Anhaltspunkt und natürlich auch die dabei gezeigte Körpersprache. Wobei jeder Hund eine individuelle Stimmlage und Klangfärbung hat. Das Bellen eines Bernhardiners klingt anders als das Bellen eines Teckels und Hunde größerer Rassen bellen oftmals in einem langsameren Rhythmus als die Vertreter kleiner Rassen.

- Tiefe Töne oder einzelne Laute in einem eher langsamen Rhythmus signalisieren eine wachsame oder verteidigungsbereite Stimmung
- Laute, in mittlerer bis hoher Tonlage, die mehr oder weniger schnell hintereinander folgen, können Freude, Aufregung oder Angst ausdrücken oder eine Aufforderung bedeuten.
- Je unsicherer und aufgeregter ein Hund wird, umso schneller erfolgen die Laute hintereinander und umso höher klingen sie.
- Vermehrte Lautäußerungen können ein Hinweis auf gesundheitliche Probleme und Unbehagen sein. Vor allem dann, wenn sich der Hund nur selten akustisch äußert und dies nun immer öfters oder in sonst eher unüblichen Momenten tut: er winselt vor sich hin, fiept ab und an leise, er stöhnt oder seufzt plötzlich beim Hinsetzen, aufspringen oder knurrt, wenn er angefasst wird.
- Träumende Hunde geben eine ganze Reihe von Lauten von sich: Bellen, Knurren, Wuffen oder eine Art Jiffeln.
- Entspannte Vierbeiner äußern sich in der Regel kaum. Manche brummeln in tiefen, langgezogenen Tönen vor sich hin, wenn sie sich genüsslich im Gras wälzen oder während sie gestreichelt werden.

Bellen und Wuffen: Wachsames Bellen besteht aus klar abgegrenzten Belllauten in normaler bis tiefen Tonlage. Der Hund hat etwas bemerkt, auf das er seine Gruppenmitglieder aufmerksam machen oder vor dem er warnen möchte. Gleichzeitig gibt er einem möglichen Eindringling zu verstehen, dass seine Annäherung bemerkt wurde. Der Hund ist dabei noch relativ entspannt und wartet ab, wie sich die Lage entwickelt oder seine Gruppenmitglieder reagieren. Sein Fokus bleibt weiterhin auf die vermeintliche oder tatsächliche Gefahr gerichtet.

Wuffen hört sich an wie unterdrücktes Bellen in tiefer Tonlage mit kurzen Pausen zwischen den einzelnen Lauten. Der Fang des Hundes ist dabei mehr oder weniger geschlossen, manchmal bemerkt man, wie sich seine Backen bei den einzelnen Lauten leicht aufblasen. Einige Vierbeiner wenden sich zwischendurch ihrem Menschen zu, um zu fragen, ob dieser die Mitteilung gehört hat und wie weiter vorgegangen werden soll.

Von entspannten Vierbeinern hört man recht wenig. Manche prusten vor sich hin, gähnen, seufzen oder atmen hörbar aus, wenn sie nach einer Anstrengung oder Aufregung wieder zur Ruhe kommen.

Wuffen geht oftmals in ein sogenanntes Warn-Bellen über, bei dem mehrere kurze Wuff-Laute in mittlerer Tonlage schnell aufeinander folgen.

Bellen aus Aufregung ist gekennzeichnet durch viele, schnell hintereinander folgende Laute, in mittlerer Tonlage, teilweise recht langanhaltend. Der Hund ist dabei insgesamt aufgeregt und bewegt sich unruhig. Beispiele für Aufregungsbellen: fertigmachen zum Spaziergang, wenn Familienmitglieder nach Hause kommen, der Hund warten muss, bis er aus dem Auto aussteigen darf oder von der Leine gelassen wird.

(Auf)Forderndes Bellen besteht aus kurzen, voneinander abgegrenzten Lauten in mittlerer bis hoher Tonlage, manchmal auch vermischt mit winseln oder fiepen. Der Hund fordert damit einen Menschen auf, sich mit ihm zu beschäftigen, ihm Aufmerksamkeit zu schenken, ihn in den Garten zu lassen oder ähnliches. Einige Vierbeiner bellen so lange, bis sie das gewünschte erreicht haben, springen dabei aufgeregt umher, andere senden nur ein zwei auffordernde Laute oder bleiben dabei relativ ruhig stehen oder sitzen.

Aufforderndes Bellen hören Sie auch, wenn der Hund einen Artgenossen zum Spielen auffordert. Der Vierbeiner nimmt dabei eine Spielhaltung ein, springt immer mal wieder vor und zurück, um den anderen noch mehr zu animieren.

Beim abwehrenden Bellen handelt es sich meist nur um einen kurzen Bell-Laut in mittlerer bis tiefer Tonlage. Der Hund signalisiert so einem Menschen oder Artgenossen, dass er sich durch ihn belästigt fühlt. Er möchte nicht angefasst, umarmt, am Fell gezogen, im Schlaf gestört oder beim Spiel zu sehr bedrängt werden. Oft wird der Abwehrlaut unterstützt durch eine entsprechende Kopfbewegung hin zu demjenigen, welchem der Hinweis gilt.

Knurr-Laute: Tiefes, langanhaltendes Knurren bedeutet in der Regel eine Warnung, es hält meist so lange an, bis die Bedrohung verschwunden ist. Manche Vierbeiner knurren dabei fast durchgehend, andere mit kleinen Pausen dazwischen. Je unsicherer der Hund dabei wird, umso höher kann die Tonlage werden.

Ein tiefes, kurzes Knurren signalisiert, dass der Hund aufmerksam geworden ist und zugleich warnt. Manchmal ist auch eine Art Knurrbellen zu hören, bei dem das Knurren immer wieder in Bellen übergeht.

Die kleinen Unterschiede: normales Hecheln

Eine Besonderheit ist das Spielknurren, das für manche Vierbeiner zum normalen Spielverhalten gehört, beispielsweise bei Zerrspielen oder wenn die Erregung recht hoch ist. Spielknurren hält meist nur kurz an und wird von anderen Spielsignalen ergänzt.

Heulen ist über weite Distanzen hörbar und besteht aus langgezogenen Lauten, dabei hält der Hund häufig eine einzige Tonlage sehr lange, ab und an wird zwischen den Tonhöhen gewechselt. Bei manchen Hunden klingt es fast wie Singen.

Hunde heulen, wenn sie von ihren Sozialpartnern allein gelassen werden, sie teilen damit einem weit entfernen Artgenossen ihren Standort mit und sie heulen zusammen mit anderen. Das sogenannte Chorheulen dient dem Gruppenzusammenhalt, meist beginnt ein Tier und die anderen stimmen mit ein. Bei manchen Vierbeinern löst auch Glockenläuten, Martinshorn, Sirenen oder Musik ein solches Kontaktheulen aus.

Ein heulender Hund erinnert fast unweigerlich an einen Wolf: Der Hund legt den Kopf nach hinten und streckt den Fang in die Höhe.

Hecheln dient in erst Linie dem Temperaturausgleich. Hunde schwitzen nicht, sondern geben Wärme über die Pfoten und überwiegend die Zunge ab, deren feuchte Oberfläche beim Hecheln für Verdunstungskühle sorgt.

Hunde hecheln auch bei Aufregung, bei Stress, Angst und Erregung. Beim Stresshecheln ist die Zunge oft leicht löffelartig eingerollt, die Lefzen etwas nach hinten gezogen, hinter dem Maulwinkel bildet sich dabei eine Falte und dies erweckt

Aufregung und beginnender Stress: Hecheln mit leicht eingerollter Zunge, angedeuteten Stressfalten hinter dem Fang und angehobener Pfote.

besonders bei kurzhaarigen Tieren den Eindruck, als würde der Vierbeiner lächeln. Seine Stimmung ist jedoch eher angespannt oder besorgt.

Bei manchen Hunden ist verstärktes Hecheln der erste Hinweis darauf, dass sie sich gesundheitlich nicht wohlfühlen oder Schmerzen haben.

Stoßweise Hechellaute, teilweise vermischt mit Schnauben können ein Zeichen von Imponierverhalten, großer Erregung oder ein Warnsignal sein.

Fiepen, Winseln oder Jaulen kann ziemlich nerven, weil Hunde recht ausdauernd dabei sein können und die meist hohen Töne für uns unangenehm klingen und manchmal hört es sich so jämmerlich und kläglich an, dass es automatisch unsere Besorgnis erregt.

Häufig werden diese Laute als Ungehorsam oder erlerntes Verhalten angesehen und sicher fiepen oder jaulen manche Hunde, weil sie etwas nicht abwarten können oder um Aufmerksamkeit zu bekommen. Aber selbst, wenn mangelhafte

Erziehung eine Rolle spielt, so steckt doch immer ein psychisches oder physisches Unwohlsein dahinter, mit dem der Hund in diesem Moment nicht zurechtkommt. Die häufigsten Gründe sind Stress, kurzes Erschrecken, Unwohlsein, Einsamkeit, Angst, Unsicherheit, Ungeduld, Aufregung oder auch Frustration.

Manche Rüden fiepen oder jaulen mehr oder weniger intensiv, wenn in ihrem Umfeld läufige Hündinnen sind. Kurze Fieplaute oder leises Winseln deutet oft auch auf Schmerzen hin.

Zähneklappern hört sich je nach Beweggrund völlig unterschiedlich an.

Ein warnendes Zähneklappern ist eher ein einmaliges Zusammenschlagen. Der Hund schnappt in die Luft und klappt die Zähne hörbar aufeinander. Es ist eine Drohung, mit der der Hund einem Gegenüber signalisiert, dass er bereit ist, nachdrücklicher zu werden.

Zähneklappern aufgrund starker Erregung klingt wie Zähne zittern: ein ständiges schnelles Aufeinanderschlagen. Es ist kommt vor, wenn ein Rüde auf die Geruchsmarkierungen einer interessanten Hündin trifft. Er riecht und leckt sehr intensiv an dieser Stelle und klappert dabei schnell mit den Zähnen, das geht einher mit Speichelfluss und leicht schmatzenden Geräuschen.

Ein weiterer Auslöser für Erregungsklappern ist Aufregung. Der Hund kann es kaum mehr erwarten zu arbeiten, den Spaziergang zu starten oder zum Artgenossen zu rennen.
Beim Zähneklappern aus Erregung ist der Hund insgesamt angespannt. Sie spüren seine Aufregung regelrecht, er kann nur mit Mühe ruhig neben Ihnen warten, manchmal zittert er oder fiept leise.

Wenn der Hund einer spannenden Spur folgt, hört man auch hier evtl. ein leises Zähneklappern und oft auch ein klackerndes Geräusch beim Einatmen.

Zähneklappern aus Angst oder Unsicherheit hört sich ähnlich an wie Aufregungsklappern, allerdings ist hierbei meist etwas weniger Anspannung zu beobachten.

Manche Hunde klappern mit den Zähnen, wenn sie frieren oder sich gesundheitlich nicht wohl fühlen.

Hundeverhalten auf der Spur

Warum macht er das? Es wäre so beruhigend, wenn wir für alles eine Erklärung hätten, aber leider lässt sich die Frage nicht immer so einfach beantworten. Manchmal bringt uns das Hineinversetzen in den Hund, unser Bauchgefühl oder ein Blick auf die Gesamtsituation auf die richtige Spur, und manchmal braucht es etwas Detektivarbeit oder die Hilfe eines Fachmanns. Und selbst dann können wir oft nur vermuten, denn niemand kann in den anderen hineinschauen und mit Gewissheit sagen, was dieser empfindet.

Ein Hund kann sich nur verhalten wie ein Hund

Ab und an würde ich auf die Frage »Warum macht er dass?« gerne antworten »Weil es ein Hund ist!«. Das ist zugegeben nicht hilfreich, trifft es aber in vielen Situationen.

Das Zusammenleben mit Hunden ist für uns so selbstverständlich geworden und viele passen sich so gut an unseren Alltag und unsere Vorstellung vom Leben mit Hund an, dass ihr »Hundsein« zeitweise etwas in den Hintergrund rückt. Wir vergessen viel zu oft, dass unser vierbeiniger Begleiter die Umwelt anders wahrnimmt als wir, die Geschehnisse nach seinem Verständnis bewertet, seine Ausdrucksmöglichkeiten und die ihm eigenen Fertigkeiten nützt, um mit uns und den unterschiedlichsten Situationen zurechtzukommen. Er kann die für ihn charakteristischen Verhaltensweisen und Fähigkeiten nicht einfach zur Seite legen, nur weil sie uns gerade unpassend erscheinen oder wir nicht so gut damit umgehen können und er kann sie nicht ausschließlich in der Dosierung zeigen, die wir gerade nützlich finden.

In diesem Zusammenhang werde ich immer wieder gefragt: Ist das Verhalten meines Hundes noch normal? Dabei gewinne ich den Eindruck, dass zunehmend mehr Menschen glauben, ihr

Es gehört zum normalen Hundeverhalten, interessante Reize genauer zu untersuchen. Aber – der Vierbeiner lebt in einer Gesellschaft, die von Menschen und deren Erwartungen und Regeln geprägt ist. Nasenkontakt zu fremden Einkaufstaschen ist da eher unerwünscht.

Die außerordentlichen Fähigkeiten unserer Hunde

Die Verhaltensforschung beschäftigt sich zunehmend intensiv damit, das ganze Potential unserer Vierbeiner zu erkennen. Wir erfahren in welcher Form sie ihr Zusammenleben organisieren und ihr Überleben auch unter schwierigen Umständen sichern, wie sie ihre Umwelt wahrnehmen und die Sinneseindrücke verarbeiten. Dabei gewinnen wir immer mehr Erkenntnisse darüber über welche enormen Fähigkeiten sie verfügen. Fähigkeiten, die wir ihnen vor einigen Jahren noch völlig abgesprochen haben.

Es lohnt sich, tiefer in diese uns oft (noch) verborgene Welt einzutauchen, es gibt inzwischen gute und interessante Veröffentlichungen und Seminare zu diesem Thema. Ich sehe meinen Hund dadurch mit anderen Augen, bewundere sein Können und kann viele seiner Reaktionen besser einordnen und verstehen, die mich zunächst gestört oder befremdet haben.

Vierbeiner würde ein problematisches Verhalten zeigen. Meine Rückfrage irritiert dann oft etwas: Normal nach menschlicher Vorstellung oder aus Hundesicht?

Korrekterweise bedeutet normales Hundeverhalten ein für die Spezies Hund typisches und ethologisch vorgegebenes Verhalten. D.h. Verhaltensweisen die von den meisten gesunden Vierbeinern des gleichen Geschlechts, Rassetyps oder Alters in der jeweiligen Situation gezeigt werden würden.

Dieses Hunde-Normalverhalten deckt sich nicht immer mit unseren Vorstellungen. Ob wir uns darüber freuen, es als unerwünscht betrachten oder ob es gar zum Problem wird, hängt von den Lebensumständen ab und den Ansprüchen, die an den Hund gestellt werden. Bellen ist normal, ein häufig bellender Vierbeiner in einer Etagenwohnung wird vermutlich schnell zum Problem. Genauso normal ist es, dass manche Hunde keine Fremden in ihrem Territorium dulden. Auf einem weitläufigen Bauernhof oder Fabrikgelände ist dies vermutlich erwünscht oder zumindest unproblematisch. Im Haushalt mit vielen Besuchern kann ein solches Verhalten für erheblichen Stress bei Hund und Mensch sorgen. Die Lebhaftigkeit und rasche Auffassungsgabe einiger Hunde werden bei der Arbeit, für die sie gezüchtet wurden, sehr geschätzt, im Alltag jedoch stellen sie den Hundehalter vor so manche Herausforderung.

Faktoren, die das Verhalten beeinflussen

Wie sich ein Vierbeiner im täglichen Zusammenleben verhält, auf welche Reize er in welcher Form reagiert, hängt von verschiedenen Faktoren ab. Welcher Aspekt dabei gerade vorranging von Bedeutung ist, kann von Situation zu Situation und von Tag zu Tag variieren. Auf manches können weder Sie noch der Hund

Einfluss nehmen, anderes lässt sich, zumindest teilweise verändern.

Genetik und individueller Charakter geben uns einen Anhaltspunkt, wie der Hund reagieren könnte: aufgeschlossen, zurückhaltend, zu einem bestimmten Verhalten neigend wie hüten, bewachen, stark interessiert an Umweltreizen usw. Es bedeutet aber nicht, dass der Hund immer nach einem gleichen Muster handelt. Er kann beispielsweise in einer Situation unsicher reagieren, ohne grundsätzlich ein unsicherer Hund zu sein. Genauso kann ein unsicherer Vierbeiner in einem bekannten Rahmen oder einer für ihn sicheren Situation recht gelassen handeln.

Vorgeschichte: Von Hunden, die bereits den einen oder anderen Besitzerwechsel hinter sich haben oder über den Tierschutz vermittelt werden, ist teilweise nur sehr wenig über ihr bisheriges Leben bekannt. Ab und an geben seine Reaktionen und das gezeigte Verhalten einen Hinweis darauf. Hier gilt es das bekannte mit einzubeziehen, ohne den Hund in eine Schublade zu stecken, wie etwa: »Der arme, er hat schon so viel mitgemacht« und offen zu bleiben für seine weitere Entwicklung.

Erlerntes Verhalten: Dazu zählt nicht nur das von uns bewusst gesteuerte Lernen, mit dem wir Einfluss auf sein Tun nehmen. Sondern auch Erfahrungen, die der Vierbeiner in ganz unterschiedlichen Alltagssituationen sammelt, ohne dass wir es wahrnehmen. Wenn er hierbei eine bestimmte Strategie als besonders hilfreich empfindet, weil er sich dadurch kurzfristig besser fühlt oder eine Belastung/Bedrohung aufhört, wird er zukünftig immer wieder darauf zurückgreifen. Unbesehen davon, ob es wirklich die Beste ist.

Auch ein Erfahrungsmangel mit bestimmten Situationen beeinflusst sein Verhalten.

Momentaner körperlicher Zustand umfasst die Gesundheit des Hundes, seine motorischen Fähigkeiten, Alter, Geschlecht, hormoneller Status und mentale Verfassung.

Ein Beispiel dafür erleben wir fast täglich beim Spaziergang, ohne dass wir dies bewusst registrieren. Wenn sich der Vierbeiner wohlfühlt (körperlich und mental), bewegt er sich entspannt, locker und schwungvoll, hat Interesse an der Umwelt, ohne hektisch zu sein, ist ansprechbar und lernbereit. Am nächsten Tag geht es ihm vielleicht nicht so gut und das wirkt sich ganz automatisch auf sein Verhalten aus. Seine Bewegungen sind verhaltener, vielleicht trottet er langsam hinter oder neben Ihnen her, sein Interesse an der Umwelt und die Ausdauer beim Üben sind deutlich geringer.

Der Körper übernimmt die Entscheidung: Damit lassen sich sehr vereinfacht beschrieben einige Reaktion erklären. Wenn der Hund beispielsweise gestresst ist, sich ängstigt oder bedroht fühlt, werden in seinem Körper ganz automatisch Prozesse in Gang gesetzt, die er nicht beeinflussen kann. Solange die Emotionen nicht allzu intensiv sind, kann er sein Handeln und die Kommunikation noch bewusst steuern. Ab einem gewissen Punkt jedoch schaltet sich der denkende Teil des Gehirns ab, die ausgeschütteten Hormone versetzen den Körper in Alarmbereitschaft, der Vierbeiner verliert zunehmen den Einfluss auf sein Handeln. Dies kann dazu führen, dass er jede Kommunikation einstellt, flüchtet und oft auch dann noch wie »kopflos« weiterrennt, obwohl die Gefahr inzwischen vorbei oder genügend Abstand dazu

Unbeeindruckt vorbeigehen, angespannt fixieren, ausweichen oder bellend in die Leine springen? Viele Faktoren spielen hier eine Rolle: das momentane Befinden des Hundes, die Signale des Entgegenkommenden, die Umgebung, das Verhalten der beteiligten Menschen, die Distanz zueinander sowie gemachte Erfahrungen. Er hat z.B. gelernt, ob er mit der Unterstützung seines Menschen rechnen kann oder selbst entscheiden muss/darf, ob er einem bestimmten Artgenossen besser aus dem Weg geht oder wann ihm Bellen und Drohgesten etwas mehr Abstand verschaffen.

vorhanden ist, um sich beißt, wenn er nicht mehr ausweichen kann oder wie erstarrt einfach gar nicht mehr reagiert.

Die Situation, in der er sich gerade befindet, wie beispielsweise die räumlichen Gegebenheiten: hat er Platz zum Ausweichen, fühlt er sich in die Ecke gedrängt? Ist es ein Umfeld mit vielen weiteren Reizen, Artgenossen oder Personen, ist es sein Territorium, kennt er sich aus oder fühlt er sich fremd?

Das Verhalten der Beteiligten: Der Hund reagiert auf die Signale eines Artgenossen oder einer Person, diese reagieren auf das vom Hund gezeigte Verhalten, worauf er wieder sein Verhalten anpasst. Und das passiert gerade unter Hunden oft mit einer Geschwindigkeit und so minimalen Signalen, so dass man sich als Außenstehender eine Zeitlupenwiederholung wünsche, um alle Feinheiten mitzubekommen.

Das hat er noch nie gemacht!

Diesen Ausspruch kennt fast jeder und je nach Situation schmunzeln wir darüber, ärgern uns oder betrachten ihn als Ausrede. Vielleicht haben Sie diese Erklärung auch schon selbst genützt, um ein unangenehmes Verhalten Ihres Vierbeiners zu entschuldigen oder Ihre Betroffenheit zum Ausdruck zu bringen.

Vielleicht empfinden Sie das Verhalten tatsächlich als neu oder nehmen es in diesem Moment zum ersten Mal bewusst wahr. Meist stimmt es aber nicht, dass der Hund DAS noch nie gemacht hat. Er hat genau dieses Verhalten oder eine abgeschwächte Form davon bereits früher gezeigt, es wurde nur nicht bemerkt, für bedeutungslos gehalten oder falsch interpretiert.

Wenn er es aber wirklich noch nie gemacht hat und sich die Reaktionen Ihres Hundes absolut nicht mit seinem gewohnten Verhalten decken, sollten Sie genauer nachforschen. Denken Sie dabei besonders an gesundheitliche Probleme, Stress, Überforderung und daran, was an dieser Situation so außergewöhnlich war und dadurch zur gezeigten Reaktion geführt haben könnte.

Können Sie sich das Verhalten in keiner Weise erklären, empfiehlt sich der Blick von außen.

Ein in Hundeverhalten geschulter Fachmann betrachtet Ihren Hund und Sie unter anderen Gesichtspunkten. Er kann Sie auf kleine Signale hinweisen, die Sie bisher nicht oder nur wenig beachtet haben, evtl. einen Grund für das Verhalten herausfinden und Ihnen Tipps geben, wie Sie damit umgehen können.

Die Unterstützung eines Fachmanns ist auf jeden Fall anzuraten, wenn das Hundeverhalten zu Problemen oder gar gefährliche Situationen führt, oder um abzuklären, wie die Intensität seiner Reaktionen einzuordnen ist. Auch Hunde können Verhaltensstörungen entwickeln, d.h. Verhaltensweisen zeigen, die davon abweichen, was für Hunde üblich ist. Solche Veränderungen sind nicht nur für den Hundehalter belastend, sondern können auch die Lebensqualität des Vierbeiners erheblich beeinflussen. Bei der Entscheidung, wie Sie mit dem Problem umgehen, sollten deshalb nicht nur Ihre Empfindungen eine Rolle spielen, sondern vor allem das Wohlbefinden des Hundes. Er kann von sich aus nur wenig verändern.

Da stimmt etwas nicht

Hunde können nur selten direkt und konkret mitteilen, was sie bedrückt oder gerade nicht in Ordnung ist. Körperliches und mentales Unbehagen äußert sich oft recht unspezifisch oder in Verhaltensauffälligkeiten, die auf den ersten Blick nichts mit der eigentlichen Problematik zu tun haben.

Wenn Ihnen das Verhalten Ihres Hundes »komisch« vorkommt oder Ihnen ungewöhnliche Verhaltensweisen bzw. körperliche Symptome auffallen, sollten Sie diese Beobachtungen, ernst nehmen und abklären, was dahintersteckt.

KONFLIKTE, STRESS UND ANGESPANNTE MOMENTE

Angespannte Situationen, Konflikte oder ein stressiger Tag lassen sich nicht vermeiden, sie gehören auch bei Hunden mit zum Leben. Die Überlegung ist vielmehr, wie gehen sie und wir damit um?

Bemerken wir, wenn es für unseren Hund »zu viel« wird? Wenn wir ehrlich sind, gab und gibt es diese Situation bei jedem von uns: Der Vierbeiner sendet Signal um Signal und wir tätscheln ihm immer noch den Kopf oder reden auf ihn ein, ohne seine Bemühungen und zunehmende Not zu bemerken. Nicht weil wir herzlos sind, sondern einfach, weil wir ihn (noch) nicht verstehen. Hunde haben ihre Strategien, um Anspannung und Stress abzubauen, nützen beschwichtigende Signale, um sich und andere zu beruhigen oder einen Konflikt abzumildern und zeigen Unsicherheits-, Angst- oder Drohverhalten, wenn sie in Bedrängnis geraten. Aber es beginnt meist mit unspektakulären Signalen, erst wenn ein Gegenüber nicht angemessen darauf regiert oder die Belastung anhält werden die Zeichen immer deutlicher.

In diese Lage hätte sich der Hund vermutlich selbst nie gebracht. Er kann nur darauf aufmerksam machen, dass ihm die Situation unangenehm ist und hoffen, dass sein Mensch dies bemerkt und reagiert. Weil das in diesem Moment nicht ausreichend der Fall ist, verschafft sich der Vierbeiner mit deutlichen Signalen wie Drohen oder Abschnappen etwas mehr Raum.

Manchmal übersehen wir seine Signale, weil wir nicht darauf eingestellt sind. Wir beurteilen viele Ereignisse aus unserer Sicht und ziehen nicht in Betracht, dass gerade diese Situation den Hund belastet oder er gerade jetzt versucht, durch seine Kommunikation Einfluss zu nehmen. In welchen Momenten wird es für Ihren Vierbeiner »zu viel«? Sind es Begegnungen, mehrere aufregende Ereignisse hintereinander? Belastet ihn eine bestimmte Umgebung oder Trainingssequenz, die Tatsache, dass ihm jemand sehr nahekommt oder er angefasst wird? Stressen ihn Situationen, die er selbst eher gemieden hätte oder in denen sein Handlungsspielraum erheblich eingeschränkt ist? Verunsichern ihn unklare Anweisungen oder Kommunikations-Missverständnisse? Oder sind es Momente, in denen er aufgrund einer körperlichen Einschränkung nicht so agieren bzw. reagieren kann, wie er gerne wollte?

Ob und welche Unterstützung der Vierbeiner in solchen Momenten benötigt, ist sehr individuell. Mein Vorgehen ist: Zeigt mein Hund nur kurze Signale von »Jetzt wird es zu viel« und entspannt sich dann wieder, muss ich nicht gleich eingreifen. Halten die Signale an, werden intensiver oder fragt er bei mir nach, braucht er meine Hilfe. Ich greife ein, wenn es für ihn oder andere gefährlich werden könnte und natürlich auch dann, falls ich der Auslöser für seine Verunsicherung bin. Wenn ich erkenne, dass er häufig im gleichen Zusammenhang entsprechende Signale zeigt, ist irgendetwas an dieser Situation schwierig für ihn und es liegt an mir, eine bessere Strategie hierfür zu finden und ihm beizubringen, wie er damit umgehen kann.

Eine weitere Überlegung, die viele Hundehalter beschäftigt: Wie finde ich die Balance zwischen Beschützen, Fürsorge und den Hund eigene Erfahrungen machen lassen, um ihn zu befähigen auch mit derartigen Situationen zurechtzukommen? Leider habe ich dazu keine Antwort, die für alle Hundepersönlichkeiten und Lebensumstände gleichermaßen passt, aber ein paar Gedanken.

Zunächst: Sie können Ihren Hund nicht vor allem bewahren, das ist schlichtweg unmöglich. Der Vierbeiner lebt nicht unter einer Glasglocke, außerdem ist nicht jeder Stress oder Konflikt gleich dramatisch. Ein Konflikt ist nüchtern betrachtet, ein Umstand, mit dem sich der Hund auseinandersetzen muss und die meisten können dies, zumindest bis zu einem gewissen Grad, erlernen. Manche Vierbeiner sind allerdings in einer bestimmten Lebensphase, aufgrund einer Erkrankung oder im Allgemeinen weniger belastbar, so dass sie hier erhöhte Fürsorge benötigen.

Für eigene Erfahrungen machen lassen spricht: Zu viel Reglement und Überfürsorge führt mitunter zu unselbstständigen Hunden, die nie gelernt haben, ihre Stärken und Schwächen richtig einzuschätzen, die von sich aus nicht wissen, wann sie besser den Rückzug antreten oder sich etwas zutrauen sollten. Sie fühlen sich hilflos und ihre Aufregung steigt, wenn in einer ungewohnten oder angespannten Situation die Anleitung durch den Menschen ausbleibt.

Erfahrungen machen lassen bedeutet für mich jedoch nicht, den Hund unkontrolliert belastenden Situation auszusetzen, so nach dem Motto, da muss er jetzt durch! Dazu braucht es passende Bedingungen, die Sie nicht ausschließlich dem Zufall überlassen können. Im Kontakt mit ausgewählten Artgenossen kann der Vierbeiner hündische Umgangsformen lernen. In einem Umfeld, das zwar etwas belastet, aber auch Freiraum zum Rückzug lässt, erfährt er, wie er seine Aufregung und Anspannung selbst regulieren kann. Beim Kennenlernen von unterschiedlichen Personen, ohne dass er gezwungen wird mit ihnen zu agieren, sammelt er Erfahrung mit menschlichen Eigenheiten.

Für Ihr Eingreifen spricht: Es zeugt von Rücksichtnahme und Verantwortung, wenn Sie den Hund

Eine leider häufige Alltagssituation: Wahrscheinlich hätten die Hunde im Freilauf die Begegnung anders gestaltet.

schützen und ihm nur so viel Belastungen zumuten, wie er bewältigen kann. Wenn er immer wieder in Situationen gerät, die ihn überfordern, wird er in diesen Momenten auch keine guten Strategien lernen. Überforderung trägt nicht zum Wohlbefinden bei und ist keine gute Ausgangslage für entspanntes Lernen.

Es ist sinnvoll, ihm Entscheidungen abzunehmen, damit er sich und anderen nicht schadet und auch weil er die Tragweite seines Handels nicht überschauen kann.

In vielen Alltagssituationen sind Hunde auf unsere Unterstützung angewiesen, weil sie erst durch uns in Situation geraten, die sie von sich aus eher gemieden hätten. Zudem können Sie nur mit ihren Mitteln versuchen, eine Situation zu bereinigen. Aber selbst, wenn sie gut kommunizieren und über gute Strategien verfügen, reicht das oft nicht aus, weil ihnen der Handlungsspielraum fehlt oder sie manche Faktoren einfach nicht beeinflussen können.

Beschwichtigungsgesten: Von Blickkontakt vermeiden bis Splitten

Die meisten Hunde versuchen angespannte Situationen oder Konflikte zunächst auf friedliche Art und Weise zu regeln, jede Auseinandersetzung kostet Energie und birgt die Gefahr, selbst in Schwierigkeiten zu geraten. Beschwichtigende Signale sind daher ein wichtiger Bestandteil ihrer Kommunikation. Hunde beschwichtigen, um eine akute Situation zu entschärfen und sehr häufig, um eine Eskalation erst gar nicht entstehen zu lassen. Gut sozialisierte Artgenossen verstehen die Botschaften in der Regel problemlos und regieren entsprechend, in dem sie ihr Verhalten anpassen und signalisieren: Ich habe verstanden! Wir Menschen müssen meist erst ein wenig üben, bis wir alle Feinheiten bemerken.

Merkmal vieler Beschwichtigungsgesten:

- sie zeigen vom Gegenüber weg, z.B. Kopf, Blick, Körper abwenden, im Bogen oder seitlich annähern,
- verlaufen langsam und nehmen damit die Anspannung aus der Situation
- wirken auf uns oft wie bewusstes Desinteresse, beispielsweise wegschauen, sich abwenden, hinsetzen, am Boden schnüffeln oder pinkeln.

Blickkontakt vermeiden bedeutet: Ich möchte nichts von dir. Je näher sich die Kontrahenten sind, je angespannter die Situation oder unsicherer ein Hund ist, umso häufiger wird er diese Geste wiederholen, um seine Aussage zu bekräftigen. Ob er dabei den Kopf abwendet oder nur mit den Augen beschwichtig ist individuell und auch situationsabhängig.

Hunde, deren Augen aufgrund der Rassemerkmale schlecht oder gar nicht zu erkennen sind, lernen früh, dass die Kommunikation nur mit Augenbewegungen nicht so hilfreich ist, weil sie kaum wahrgenommen und verstanden wird.

In manchen Momenten kann der Vierbeiner den Kopf nicht abwenden, weil er umarmt und geherzt wird oder während einer medizinischen Behandlung festgehalten werden muss. Auch bei einer Hundebegegnung kann die Situation so angespannt sein, dass bereits eine kleine Kopfbewegung genügen würde, um beim Artgenossen einen Angriff auszulösen. Deshalb versucht der Hund nur mit den Augen zu

Beschwichtigende Gesten bedeuten nicht automatisch, dass sich der Hund in einer extrem belastenden Situation befindet. Dieser Vierbeiner beschwichtig leicht, nachdem er für eine Übung abgelegt wurde und seine Halterin sich entfernt. Sein Züngeln signalisiert, dass es gerade etwas unangenehm, aber noch machbar ist (vielleicht würde er seinem Menschen gerne nachfolgen oder das Signal zum Hinlegen wurde sehr energisch gegeben).

beschwichtigen. Er blinzelt, senkt den Blick, lässt ihn von einer Seite zur anderen wandern oder schließt kurz die Augen.

Über die Nase lecken, züngeln: »Etwas unangenehm«, könnte man diese Geste übersetzen. Die Hundezunge fährt kurz mal über die Lefzen oder die Nasenspitze, in manchen Momenten geschieht dies auch betont langsam. Natürlich leckt sich der Hund öfters mal über die Nase, wenn er beispielsweise etwas Leckeres riecht. Sind Menschen oder Artgenossen mit im Spiel, ist es jedoch häufig ein Signal dafür, dass ihm die momentane Situation (kurz) unangenehm ist. Achten Sie einmal darauf, ob Ihr Hund züngelt, wenn Sie sich zu sehr über ihn beugen, ihn zu intensiv streicheln, ihm eine Person recht ungeschickt den Kopf tätschelt oder ein Artgenosse schnell und direkt auf ihn zugelaufen kommt.

Gähnen signalisiert leichtes Unbehagen oder Aufregung, der Hund versucht damit sich und andere zu beruhigen. Er gähnt, wenn es laut und hektisch wird, er sich an einem Ort nicht wohlfühlt oder das Verhalten seines Gegenübers nicht einordnen kann. Zum Gähnen kommen häufig weitere beschwichtigenden Signale. Beispiel: Sie positionieren ihn zusammen mit Artgenossen für ein Foto

– die Nähe ist ihm unangenehm, er wendet sich ab und gähnt. Oder Sie rüsten sich zum Spaziergang – Ihr Hund wuselt aufgeregt um Sie herum, auf einmal setzt er sich hin, kratzt sich und gähnt.

Körper abwenden, sich klein machen, mit dem Rücken zum anderen drehen ist ein deutliches Signal für: Du bist mir zu nahe, zu aufdringlich, deine Aktionen sind mir zu intensiv. Oft senkt der Hund zunächst nur den Kopf, macht einen leichten Rundrücken oder wendet sich seitlich ab. Genügt dies nicht, verstärkt er seine Geste, indem er sich immer mehr abwendet, bis er dem Gegenüber seinem Rücken zudreht. Manches Mal zeigt er weitere Signale wie Züngeln, Pfoteheben oder Gähnen.

Diese Beschwichtigungsgeste zeigen viele Hunde auch mehr oder weniger intensiv, wenn sie umarmt oder festgehalten werden. Man kann das Unbehagen und die Abwehr regelrecht spüren: er wird zunehmend steif, angespannt oder drängt weg. Werden seine Signale missachtet, bleibt ihm aus seiner Sicht nichts anderes übrig als deutlicher zu werden. Je nach Persönlichkeit versucht er sich mit aller Kraft und fast hektischen Bewegungen herauszuwinden oder sich mit Abwehrschnappen etwas mehr Raum zu schaffen. Manche Vierbeiner fügen sich der Situation, ihr Unwohlsein ist aber weiterhin erkennbar. Sie blinzeln, gähnen, schauen weg und wenn alles vorbei ist, zeigen sie oft Übersprungs-Signale wie Schütteln, Schnüffeln, Weglaufen oder Pinkeln.

Einige Hundepersönlichkeiten wenden sich ab, drehen ihren Menschen den Rücken zu, wenn eine angespannte Stimmung herrscht oder sie nicht wissen, wie sie mit einer für sie unklaren Anweisung oder Situation umgehen sollen.

»Küsschen« geben, ablecken ist nicht nur ein Liebesbeweis, sondern manchmal auch ein Hinweis, dass sich der Hund in dieser Lage unwohl fühlt und etwas mehr Abstand haben möchte. Den abwehrenden, beschwichtigenden Charakter erkennen Sie daran, dass der Körperschwerpunkt des Vierbeiners vom Menschen wegstrebt, die Hundeaugen sind weit geöffnet, die Stirn glatt und die Ohren leicht angelegt, das Lecken und Küsschengeben wirkt insgesamt aufgeregt und hektisch.

Einen Bogen gehen ist eine Höflichkeitsgeste unter Hunden. Sie nähern sich Artgenossen von der Seite, ehe sie Kontakt miteinander aufnehmen oder gehen mit angewandtem Blick und einer kleinen Ausweichbewegung aneinander vorbei. Sie geben so zu verstehen, dass von ihnen keine Gefahr droht und die Situation entspannt ist.

Direktes zügiges Aufeinander-Zugehen gilt unter Hunden als unhöflich oder Provokation. Für viele ist es deshalb sehr unangenehm, wenn sie bei Begegnungen an der Leine zügig und frontal auf einen Artgenossen zugeführt werden. Weil die Leine nur wenig Spielraum lässt, wird der Bogen zur leichten Schräglage oder der Vierbeiner verlangsamt sein Tempo, geht leicht hinter seinem Menschen oder versucht die Seite zu wechseln. Zusätzlich nutzt er die ihm verbliebenen Mittel wie Blickabwenden, Züngeln, um dem Entgegenkommenden seine friedliche Absicht mitzuteilen.

Hunde übertragen diese Höflichkeits-Geste auch auf die Kommunikation mit Menschen und so verwundert es nicht, dass viele zunächst nur ungern frontal auf ihre Menschen zu rennen. Beim Rückruf-Training sorgt dies häufig für

Missverständnisse, weil das ausweichende Bogenschlagen als Ungehorsam interpretiert wird.

Langsame Bewegungen, sich hinsetzen oder hinlegen: Die Verlangsamung von Bewegungen dient dazu angespannte Situationen zu entschärfen.

Im Kontakt mit Artgenossen signalisiert der Vierbeiner auf diese Weise: beruhigt euch, macht langsam! Wobei die bewusste Verlangsamung auch eine beruhigende Wirkung auf den Ausführenden haben kann. Hunde setzen sich oder legen sich hin, wenn beispielsweise ein aufgeregter Artgenosse zu schnell herankommt oder es während eines Spiels zu stürmisch wird. Manche, meist sehr ausgeglichene Hundepersönlichkeiten schauen dabei ihr Gegenüber an, ihr Blick und Gesichtsausdruck wirkt in diesem Moment irgendwie eindringlich, aber ruhig und entspannt.

Im Hund-Mensch-Kontakt möchte der Hund mit seiner Bedächtigkeit den Stress aus einer Situation nehmen.

Beispiele: Sie geben Ihrem Hund eine Anweisung, gleichzeitig spürt er, dass Sie es eilig haben oder nervös sind und anstatt der Anweisung zügig nachzukommen, trödelt er. Je mehr Sie versuchen, ihn mit Worten und Gesten zu animieren, umso verhaltender reagiert er. Gerade jetzt, wo es Ihnen wichtig ist, ist der Hund sooo langsam, wie unfolgsam!

Oder: Sie tadeln bzw. korrigieren ihn und anstatt aufmerksamer zu werden, wendet er sich ab, zunächst den Kopf, dann setzt er sich und evtl. folgt auch noch ein Hinlegen. Sooo ignorant!

Nein, er weist darauf hin, dass ihm alles zu unruhig und angespannt ist. Wenn Ihr Hund in bestimmten Situationen auffällig langsam wird und desinteressiert erscheint, sollten Sie kurz innehalten und Ihr Vorgehen überprüfen bzw. verändern.

Schnüffeln: Hunde haben ihre Nasen häufig am Boden, deshalb wird Beschwichtigungs-Schnüffeln gerne übersehen oder fehlgedeutet.

Oftmals können Sie anhand der Schnüffel-Bewegungen erkennen, ob Ihr Hund interessiert einer Spur folgt oder ob es der Beschwichtigung dient. Ein Hund im Erkundungsmodus bleibt meist mit der Nase am Boden und ist dabei fast immer in Bewegung, auch wenn er kurz verharrt, um eine Stelle genauer zu untersuchen, so folgt er doch mehr oder weniger konzentriert der Geruchsspur. Beschwichtigungs-Schnüffeln erfolgt sehr ausgiebig an einer oder nur wenigen Stellen und der Vierbeiner bewegt sich weniger zielgerichtet. Zwischendurch schaut er immer mal hoch, beobachtet kurz die Anwesenden, dann schnüffelt er weiter.

Beschwichtigungs-Schnüffeln wird häufig bei Begegnungen eingesetzt. Die Botschaft des schnüffelnden Vierbeiners: ich habe kein Interesse an dir. Das spannende daran ist, dass der Hund diese Geste nicht nur anwendet, wenn er selbst unsicher ist und einem Kontakt aus dem Weg gehen möchte, sondern auch, wenn er beim Entgegenkommende eine gewisse Anspannung oder Verunsicherung bemerkt. Durch sein ausweichendes Schnüffeln teilt er mit, dass er dessen Wunsch nach Abstand respektiert und selbst friedlich unterwegs ist. In vielen Fällen wird das Schnüffeln so lange fortgesetzt, bis der andere vorbeigegangen ist.

Beschwichtigungsgesten sind eine kluge Strategie, um ein Zusammentreffen zu entspannen. Die beiden Rüden signalisieren deutlich, dass sie nicht in Kontakt miteinander treten wollen: der braune Hund schnüffelt im Laub, der helle Labrador schaut zur Seite.

Auch während der Zusammenarbeit mit Menschen zeigen Hunde Beschwichtigungs-Schnüffeln. Meist dann, wenn Anspannung in der Luft liegt oder sie durch eine Anweisung oder Trainingssituation überfordert sind.

Pfote heben: Diese Geste wirkt auf Menschen freundlich, niedlich und wie eine Kontaktaufnahme. In Wirklichkeit ist sie bei manchen Vierbeinern ein Signal dafür, dass sie sich unbehaglich fühlen, nicht so genau wissen, was getan werden soll, oder sich etwas mehr Abstand wünschen. Pfote heben wird nicht grundsätzlich als beschwichtigenden Signal genützt, es ist eher eine individuelle Geste.

Dieser Hund war im Spiel zu stürmisch und wurde zu rücksichtsvollerem Verhalten angehalten. Er antwortet mit einer kleinen beschwichtigenden Geste – Pfote heben.

Splitten: Viele Hunde empfinden es als besorgniserregend, wenn Artgenossen oder Menschen zu dicht beieinander sind oder zu dynamisch bzw. bedrohlich aufeinander zu kommen. Aus ihrer Sicht könnte sich daraus eine bedrohliche Situation ergeben. Um dies zu verhindern, schieben sie sich zwischen die Beteiligten oder stellen sich wie schützend vor den schwächeren. Ihre Körperhaltung ist aufmerksam aber ohne große Anspannung und oftmals zeigen sie kleine beschwichtigende Gesten meist in Richtung des »Stärkeren«.

Ein erfahrener, souveräner Hund splittet beispielsweise, um in einer Hundegruppe für Ordnung zu sorgen oder wenn ein junger, besonders ängstlicher und schwacher Artgenosse von den anderen zu sehr bedrängt wird.

Seinen Menschen gegenüber zeigt der Hund diese Geste oftmals dann, wenn sich diese besonders nahe sind, gemeinsam auf dem Sofa sitzen, kuscheln, tanzen oder sich spielerisch balgen. Sein Verhalten wird häufig als Eifersucht oder auch mitmachen wollen interpretiert. Der Vierbeiner verbindet damit aber meist eine beschwichtigende Absicht, weil er die Aktionen der Zweibeiner nicht einordnen kann.

Viele Hunde splitten bzw. stellen sich vor ihren Menschen, wenn sie die Annäherung eines anderen für bedenklich halten, weil dieser zu rasch herbeikommt, stürmisch begrüßt oder im Gespräch sehr heftig gestikuliert.

Auf beschwichtigende Gesten reagieren

Die Signale bedeuten nicht automatisch, dass der Hund extrem belastet ist, es ihm nicht gut geht und Sie sogleich eingreifen müssen. Sie zeigen, dass der Vierbeiner angemessen kommunizieren kann und Situationen friedlich bereinigen möchte.

Der helle Hund rechts nähert sich der Hundegruppe in Imponierhaltung. Die Hündin stellt sich zwischen ihn und die spielenden Artgenossen – sie splittet.

Manche Hunde antworten mit einer kurzen Beschwichtigungsgeste auf eine Botschaft ihres Menschen oder eines Artgenossen. Dem Hund wird beispielsweise Einhalt geboten, etwas verwehrt, er schaut daraufhin weg, blinzelt oder züngelt kurz, was so viel heißt wie: »o.k. ich habe verstanden« und damit ist die Angelegenheit erledigt.

Wenn Ihr Hund jedoch in bestimmten Situationen häufig oder intensiv beschwichtigt, sollten Sie aktiv werden. In den vielen Fällen genügt es, wenn Sie ihm signalisieren, dass Sie seine Botschaft verstanden haben und dafür sorgen, dass die Situation nicht weiter eskaliert.

- Er weicht bei einer Begegnung aus und beschwichtigt. Greifen Sie diese Bewegung auf und gehen Sie mit ihm im Bogen am anderen vorbei.
- Bestimmte Berührungen oder Bewegungen auf ihn zu lösen beschwichtigende Gesten aus: Vielleicht ist es ihm angenehmer, wenn Sie ihn am Hals oder der Brust kraulen, anstatt ihn zu umarmen oder ihm den Kopf zu tätscheln. Vielleicht fühlt er sich wohler, wenn Sie sich beim Anleinen nicht über ihn beugen, nicht direkt auf ihn zugehen, sondern seitlich neben ihm sind und keine schnellen Bewegungen in seine Richtung hin machen.
- Er beschwichtigt häufig, wenn Sie ihm eine Anweisung geben. Was könnte sein Unbehagen auslösen? Probieren Sie aus, ob er weniger beschwichtigt, wenn Sie die Anweisung mit freundlicher Stimme geben, sich klar ausdrücken, weniger körperlich korrigieren und ihm gegenüber entspannter und geduldiger sind?
- Er drängt sich zwischen Sie und andere Personen oder Hunde. Viele Hunde lernen erst mit der Zeit, dass sie nicht aktiv werden müssen und die Menschen gut für sich selbst sorgen können. Helfen Sie Ihrem Hund bei diesem Lernprozess, in dem Sie bei einer Begegnung etwas Abstand zu anderen einhalten und ihm signalisieren, dass alles in Ordnung ist. Teilen Sie ihm in ruhigem Tonfall mit, dass er sich entspannt hinlegen kann, wenn Sie auf dem Sofa mit jemand kuscheln und vermeiden Sie allzu dynamische Aktionen mit anderen, solange der Hund darüber noch sehr beunruhigt ist.

Natürlich können Sie im Rahmen Ihrer Möglichkeiten auch aktiv Beschwichtigungsgesten einsetzen. Signalisieren Sie beispielsweise Ihre friedliche Absicht, wenn Sie sich einem unsicheren Hund nähern. Gehen Sie nicht direkt auf ihn zu, drehen Sie sich stattdessen ein wenig zur Seite und wenden Sie den Blick ab.

Oder Sie »splitten«, in dem Sie bei Begegnungen zwischen Ihrem Hund und den Entgegenkommenden gehen. Wenn Sie zusammen mit anderen Hundehaltern spazieren gehen und die an der Leine gehenden Hunde noch unsicher im Umgang miteinander sind, beruhigt es, wenn zunächst mehrere Menschen zwischen ihnen laufen.

Übersprungsverhalten

Auf uns wirkt es wie »Dann mach ich jetzt mal was anderes«. Für den Hund ist sein Verhalten eine Strategie, um sich wieder zu beruhigen, Anspannung abzubauen, etwas Zeit zu gewinnen und sich neu zu sortieren. Es ist seine Antwort auf Stress oder Frustration und eine Art Flucht aus Situationen, die ihn belasten.

Die Verhaltensweisen an sich sind nichts Besonders, den Übersprungs-Charakter erkennen Sie meist daran, dass das Verhalten weder zum vorherigen noch zum nachfolgenden passt: Der Hund soll beispielsweise »bei Fuß gehen«, auf einmal setzt er sich und kratzt sich ausgiebig. Und dass es sehr intensiv wirkt: oft ist er geradezu fixiert auf sein Tun, er schnüffelt oder buddelt so intensiv, als hätte er alles um sich herum vergessen. Deshalb wird ein solches Verhalten häufig als Ungehorsam angesehen oder es kommt uns einfach völlig unsinnig vor. Wie oft habe ich schon den Kopf geschüttelt, weil mein Hund, anstatt einen Artgenossen oder Menschen zu begrüßen, zu dem er doch unbedingt hinwollte, nun plötzlich wie im Rausch über die Wiese rennt. Dabei kenne ich doch meinen aufgeregten Vierbeiner und weiß, dass er dieses Ventil braucht, um seine Anspannung abzureagieren. Er möchte den Kontakt, ist aber anfangs so aufgeregt und mit zu viel Nähe überfordert. Erst nach einer Rennrunde kann er ruhiger herbeikommen und dann auch das Zusammensein genießen.

Viele Übersprungshandlungen stammen aus den Bereichen Nahrungserwerb, Körperpflege oder sind Aktionen, die dem Hund Wohlbefinden vermitteln. Bei den meisten Vierbeinern kristallisiert sich mit der Zeit heraus, dass sie bestimmte Handlungen favorisieren. Manche neigen zum Buddeln, sofern sie die Möglichkeit haben, andere wieder tragen bevorzugt Gegenstände herum. Einige Aktionen sieht man besonders häufig:

- Sich kratzen, schütteln, lecken, Fellpflege,
- Losrennen, herumtoben,
- Schnüffeln, buddeln, sich wälzen
- Gras fressen, etwas herumtragen, auf Gegenständen kauen bis hin zum Zerstören
- Wasser trinken, urinieren
- Bellen
- In die Leine beißen, am Halter hochspringen, teilweise auch an seiner Kleidung zerren oder nach ihm schnappen.

Ist es bedenklich, wenn der Hund Übersprungshandlungen zeigt?

Grundsätzlich nicht, es ist ein für Hunde natürliches Verhalten und eine gute Möglichkeit, um sich selbst wieder ins Gleichgewicht zu bringen. Manches Mal zeigt der Hund kleine Gesten, die dem Übersprungs- oder auch Stressverhalten zugeordnet werden, wenn er nachdenkt oder konzentriert arbeitet. Vergleichbar damit, wenn wir uns am Kopf kratzen, an die Nase fassen, hin- und hergehen, während wir versuchen, ein Problem zu lösen.

Beobachten Sie, ob der Hund Ihre Hilfe benötigt oder selbst mit der Situation fertig wird. In der Regel müssen Sie nicht eingreifen, wenn er die Übersprungshandlung nur kurz zeigt und danach wieder ruhiger wird und gut ansprechbar ist.

Wenn das vom Hund gewählte Verhalten nicht passt, weil äußere Umstände z.B. ein Rennen nicht erlauben, er sich sehr in sein Tun hineinsteigert oder von einer Übersprungshandlung zur nächsten wechselt, braucht er Unterstützung. Nehmen Sie ihn ruhig, aber zügig aus der Situation, geben Sie ihm eine einfache, machbare Aufgabe, die ihm hilft, sich abzureagieren oder bieten Sie ihm Ihre Ruhe und Nähe, wenn er sich bei Ihnen wohlfühlt und entspannen kann. Kraulen Sie ihn behutsam oder setzen Sie sich mit ihm hin und pausieren, bis er sich wieder beruhigt hat.

Wenn Sie Ihren Hund gut kennen, bemerken Sie oftmals bereits an seinem Blick, seiner Haltung, seinen Bewegungen, dass jetzt eine Aktion bevorsteht und Sie können rechtzeitig gegensteuern.

Zeigt der Hund häufig Übersprungshandlungen, sollten Sie überprüfen, was die Handlungen auslöst. Denken Sie dabei auch an Überforderung (punktuell oder insgesamt) und Müdigkeit. Mancher Vierbeiner reagiert darauf nicht wie erwartet mit vermehrtem Ruhebedürfnis oder Rückzug, sondern kann dann mit äußeren Einflüssen immer schlechter umgehen. Er kommt weder mit sich selbst noch mit anderen zurecht und benötigt ein Ventil, um sich abzureagieren.

Wenn der Hund dazu neigt, Übersprungshandlungen in Form von Aggression zu zeigen, brauchen Hund und Mensch ein individuell auf sie abgestimmtes Training, bei dem viel Ruhe, klare Anweisungen ohne Druck und Überforderung im Vordergrund stehen und natürlich auch die Sicherheit aller Beteiligten gewährleistet sein muss.

Herumalbern (fiddle about)

Wird auch als Fiddeln oder welpenhaftes Verhalten bezeichnet und signalisiert, dass sich der Hund in einem Konflikt, einer für ihn stressigen oder überfordernden Situation befindet. Beispielsweise

- wenn sie sich bedrängt fühlen und eigentlich aggressiv reagieren wollen, dabei zeigen sie teilweise auch leises Knurren oder Drohsignale.
- als Reaktion auf eine unklare Kommunikation, weil sie die Signale eines Artgenossen nicht einordnen können oder es zu Missverständnissen zwischen Hund und Mensch kommt.
- weil sie mit zu viel Nähe nicht zurechtkommen. Dabei macht es für die meisten keinen Unterschied, ob ihre Individualdistanz durch andere unterschritten wurde oder ob sie sich selbst in diese Lage gebracht haben.

Ob ein Vierbeiner zum Fiddeln neigt, hängt stark von seiner Persönlichkeit ab und ein wenig auch davon, ob ihm frühzeitig ein Weg aufgezeigt wurde, wie er möglichst schnell wieder aus diesem Zustand herausfindet. Viele können ihr Verhalten nur schwer von sich aus wieder stoppen, obwohl ihr Gegenüber (Artgenosse oder Mensch) Unmut oder Abwehr signalisiert. Dadurch werden sie von anderen erst recht als nervig wahrgenommen und dies führt zu einer Art Kettenreaktion: Der Unmut des Gegenübers wird deutlicher, der Vierbeiner fiddelt immer intensiver und je nach Konfliktlösungsstrategie des Gegenübers kann es dann recht unschön enden.

Für den Hund ist es deshalb wichtig, dass Sie ihm in diesen Momenten helfen. Z.B. Situationen rechtzeitig beenden, ihn aus dem Kontakt mit anderen herausnehmen, ihm durch ihr eigenes Verhalten Ruhe vermitteln und klare, eindeutige Anweisungen geben.

Fiddeln ist kein Spiel – die kleinen Unterschiede

Fiddelnde Hunde bewegen sich sehr intensiv, springen am Artgenossen oder Menschen hoch, bellen, hüpfen herum, versuchen schnell mal den anderen abzulecken. Auf den ersten Blick meint man einen spielenden Vierbeiner vor sich zu haben oder betrachtet es als Ungehorsam bzw. mangelnde Erziehung.

Beim genauen Hinsehen finden sich durchaus Unterschiede:

Vorderkörpertiefstellung im Zusammenhang mit Fiddeln: Die Geste ist nicht sehr ausgeprägt, wird nur angedeutet und ermöglicht ein schnelles Abwenden, Blickkontakt wird vermieden, die Ohren sind nach hinten oder zur Seite gerichtet, der Hund wirkt angespannt.

Vorderkörpertiefstellung als Spielaufforderung: Vorderkörper abgesenkt mit weichen Kurven in der Wirbelsäule, Ellenbogen liegen fast auf dem Boden auf, Vorderbeine mehr oder weniger gespreizt, der Hund zeigt zusätzlich ein Spielgesicht.

Fiddeln	Spielen (siehe Kapitel 3)
Schnelle, fast hektische Bewegungen in Richtung des Gegenübers, die sich mit ausweichenden, teilweise abwehrenden Bewegungen abwechseln.	Weiche, fließende Bewegungen, überwiegend einladende, auffordernde Gesten.
Anhaltende Aktionen mit nur wenig Unterbrechung. Durchgehend hohe Erregungslage, gekennzeichnet durch hohe Muskelanspannung, Stress-Signale wie Stressgesicht.	Pausen und langsam verlaufende Spielsequenzen sorgen dafür, dass die Erregung nicht allzu hochfährt.
Meist »einseitige« Aktionen, der Vierbeiner geht immer wieder aktiv auf den anderen zu, während dieser ausweicht, abwehrt oder Desinteresse signalisiert.	Alle sind gleichermaßen beteiligt und beginnen bzw. beenden das Spiel.
Die Stoppsignale oder andere Gesten des Gegenübers werden kaum oder nur kurzfristig beachtet. Dies gilt auch für Anweisungen, die Sie in diesem Momenten geben.	Die Signale des Gegenübers werden wahrgenommen und passend darauf reagiert.
Auch die fürs Spielen typische Vorderkörpertiefstellung wird gezeigt, aber überwiegend aus Unsicherheit und als Haltung, aus der schnell reagiert werden kann.	Vorderkörpertiefstellung als Spielaufforderung und als »Pausen-Signal«.

Verdeckte und offensichtliche Stress-Signale

Stress entsteht durch psychische oder körperliche Belastung. Die Hauptursachen sind Angst, Bedrohung, Verunsicherung, Konfliktsituationen, körperliches Unbehagen, Überforderung, Missverständnisse aber auch übermäßige Freude oder ambivalente Gefühle beim Zusammentreffen mit anderen.

Während der Pubertät sind viele Hunde besonders stressanfällig. Die Ausschüttung von verschiedenen Hormonen und Botenstoffen in Kombination mit weiteren Faktoren des Heranwachsens führt dazu, dass der Hund insgesamt unruhiger, weniger belastbar oder unsicherer ist. Auch alte oder erkrankte Hunde geraten in manchen Momenten durch ihre nachlassenden Sinnesleistungen oder eingeschränkte Mobilität und Belastbarkeit erheblich in Stress oder können generell nicht mehr so gut mit Veränderungen umgehen.

Aus entwicklungsgeschichtlicher Sicht betrachtet ist Stress eine Reaktion des Körpers, um bestimmte Anforderungen zu meistern. Durch die Ausschüttung von Hormonen werden Aufmerksamkeit und Anspannung deutlich erhöht und Energiereserven bereitgestellt. So kann der Körper auf Schreck, Gefahr, Konflikte sofort reagieren oder ist beim Bewältigen von Aufgaben zu Höchstleistungen bereit. Jetzt funktionieren überwiegend die Körperbereiche, die notwendig sind, um die Situation gut zu meistern. Bereiche, die hierzu nicht gebraucht werden, sind mehr oder weniger stillgelegt. Das erklärt, warum der Hund in diesen Momenten beispielsweise keine Leckerchen mehr annimmt, Nahrungsaufnahme wird gerade nicht gebraucht.

Stressgesicht mit deutlich erkennbaren Stressfalten.

Körperlichen Reaktionen in direkten Stressmomenten sind nicht willentlich steuerbar.

- Erhöhte Atemfrequenz, vermehrtes Hecheln
- Schmatzen, speicheln, Gebiss klappern,
- Schuppenbildung, Haarausfall
- Häufiger Kot- und Urinabsatz, Durchfall (auch zeitverzögert)
- Erstarren, vermindertes Erkundungsverhalten, Stressdösen
- Erektion
- Lautäußerungen, von fiepen bis hin zum Schreien, oft auch lang anhaltend
- Aufregung, nervöse, ruckartige Bewegungen, Zittern, verstärkte Wachsamkeit

Ein weiteres Merkmal ist das Stressgesicht, es ist gekennzeichnet durch eine angespannte Gesichtsmuskulatur:

- am markantesten dabei ist die Stressfalte: durch die nach hinten gezogene Maulwinkel

bildet sich bei den meisten Hunden am Ende eine Falte, die von den Augen über die Wangen verläuft
- mandelförmig oder weit aufgerissene Augen, große Pupillen, manchmal ist das Weiß im Auge zu sehen
- angehobene Augenbrauen und nach hinten gezogenen Ohren
- angespannte Wangenmuskulatur, dabei können die Wangen eingezogen oder aufgeplustert sein, man sieht oder hört das sogenannte Backenblasen
- selbst die Zunge wirkt angespannt, oft schaut nur die Zungenspitze ein klein wenig hervor oder sie ist löffelförmig nach oben gebogen.

Stress ist immer eine Belastung für den Organismus, aber nicht sogleich schädlich. Erhält der Hund nach einer kurzen Stressbelastung die Möglichkeit sich ausreichend zu erholen, werden die Stresshormone langsam wieder abgebaut und die Erregung auf ein normales Maß heruntergefahren. Dieser Prozess ist jedoch oft nicht nach ein paar Stunden abgeschlossen, sondern kann auch Tage andauern.

Ungesund wird es, wenn der Stress über einen längeren Zeitraum anhält oder die

Manchmal erkennt man sogar an der Art und Weise, wie der Hund etwas zerkaut, die Höhe seines Stresspegels. Ist er gestresst, kaut er meist sehr intensiv, teilweise hektisch und fast zwanghaft, manchmal hackt er richtiggehend auf den Kauknochen ein.

Regenerationszeit bis zur nächsten stressauslösenden Situation zu gering ist. Das zeigt sich in körperlichen und psychischen Auffälligkeiten – ich nenne es die verdeckten Stress-Signale. Weil sich diese eher langfristig bemerkbar machen, werden sie oft nicht mehr mit Stress in Verbindung gebracht, sondern als Ungehorsam, lästiges, unliebsames Verhalten oder Marotte des Hundes angesehen. Wenn Ihr Hund vermehrt ein für ihn unübliches Verhalten zeigt, wie Gegenstände zerkauen, nicht mehr allein bleiben, Unruhe, beschwichtigende Gesten oder Unsauberkeit, kann dies auch an einer Art Dauerstress liegen.

Bei zunehmender Entspannung werden auch die Kaubewegungen ruhiger. Der Hund kaut genüsslich und mit kleinen Pausen oder beleckt den Gegenstand.

Verdeckte Stress-Signale

- Insgesamt erhöhte Aktivität und Aufregung, nicht zur Ruhe kommen, ständiges dem Menschen hintergehen bis hin zum nicht alleine bleiben können. Nächtliche Unruhe, ständige Erwartungshaltung, einfordern von Aktivität
- Pfoten schlecken, ständiges Sich-Kratzen, das Ergebnis sind oftmals Hautirritationen oder Verletzungen
- Unsauberkeit, Zerstören von Gegenständen, vermehrtes Bellen
- Schreckhaftigkeit und Überempfindlichkeit, Unausgeglichenheit, der Hund wird immer stressanfälliger
- Vermindertes Interesse an der Umwelt, sozialer Rückzug, Teilnahmslosigkeit
- Völlig Erschöpfung mit teilweise komaähnlichem Schlaf
- Magen-Darm-Probleme, Schwächung des Immunsystems und dadurch Anfälligkeit für Erkrankungen

Vielen Hunden hilft der Kontakt zu ihrem Menschen, um wieder etwas ruhiger zu werden. Damit ist kein hektisches Streicheln oder aufgeregtes Auf-ihn-Einreden gemeint, sondern ein ruhiges Nebeneinander. Oft sehen und fühlen Sie nach einiger Zeit, wie sich der Hund entspannt und ansprechbar wird.

Stress-Management

Auch Hunde können, im Rahmen ihrer Möglichkeiten, lernen, mit Stress umzugehen. Stressbewältigung gelingt aber nur, wenn der Vierbeiner eine Strategie dafür gezeigt bekommt und er dem Stress nicht unkontrolliert ausgesetzt wird. Er muss da nicht durch unter allen Umständen, das wäre einfach nicht fair. Der Hund kann sich in vielen Moment nicht mehr selbst helfen, sondern ist auf Unterstützung angewiesen.

In einer Akutsituation braucht der Hund zunächst etwas Abstand zu den aufregenden Reizen. Geben Sie ihm die Möglichkeit, sich zu bewegen, zu trinken oder sich zu versäubern. Viele Hunde beruhigt es, wenn sie schnüffeln, etwas herumtragen oder auf etwas kauen können, andere brauchen erst einmal eine kurze Rennrunde, um Dampf abzulassen. Auch Vertrautes trägt dazu bei, dass sich der Hund wieder etwas entspannt: der Rückzug ins Auto oder die gewohnte Liegedecke, Entspannungs-Rituale oder eine einfache Aufgabe, die der Hund kennt und gerne ausführt.

Strategien, die auch langfristig für Ausgeglichenheit sorgen:

Ausreichende Ruhepausen, in denen der Hund nicht ständig mit Außenreizen konfrontiert wird.

Ein strukturierter Tagesablauf oder Rituale bringen eine gewisse Regelmäßigkeit in den Alltag und tragen dazu bei, dass der Hund weiß, wie eine bestimmte Situation abläuft oder was von ihm erwartet wird.

Ein ruhiger Umgang mit dem Hund, auch wenn das oft schwerfällt - gestresste Hunde verbreiten viel Unruhe und machen häufig Fehler. Vielleicht tut es ihm gut, wenn Sie leiser mit ihm sprechen, ihn nicht unnötig hochpuschen, ihn öfter loben, als korrigieren, ihm eindeutige Anweisungen geben, die er gut wahrnehmen kann. Wägen Sie ab, wann er ein Signal noch umsetzen kann oder zu abgelenkt und gestresst dazu ist.

Langsame Gewöhnung an stressauslösende Situationen und Reize. Das kann unter Umständen auch bedeuten, dass Sie diese zunächst einmal völlig meiden und anschließend nur in der Dosierung anbieten, die der Hund noch meistern kann.

Konditioniertes Entspannungs-Signal und ein gemeinsames Zur-Ruhe-Kommen von Hund und Mensch, manche Vierbeiner schätzen ruhig verlaufende Massagen, die zur Muskelentspannung führen.

Ausgewogene Aktivität. Oft werden Hunde zwar viel, aber dennoch falsch beschäftigt. Für stressanfällige Hunde sind ruhige, ausdauernde Bewegung und eine Beschäftigung, die auslastet, aber nicht hochpuscht zu empfehlen. Dazu gehört auch die Bodenarbeit, bei der der Hund lernt, sich konzentriert zu bewegen, die Balance zu halten und damit gleichzeitig auch ein gewisses inneres Gleichgewicht erlangt. Zu wenig körperlich Aktivität gerade im Junghundehalter kann zu vermehrter Anspannung führen. Natürlich soll der Hund in dieser Lebensphase nicht überbelastet werden, aber er braucht auch die Möglichkeit, sich mal auszupowern, zu rennen und zu schnüffeln.

Wenn Ihr Hund insgesamt sehr stressanfällig ist, lassen Sie das tierärztlich abklären, eine erhöhte Stressanfälligkeit kann auch organische Ursachen haben.

Die 4 F'S

Mit diesem Begriff werden die Reaktionsmöglichkeiten des Hundes im Konfliktfall bezeichnet, es handelt sich hierbei um

- Flight – Flüchten
- Freeze – Erstarren, Einfrieren
- Fight – Kämpfen
- Fiddle about – Herumalbern

Formulierungen wie »Reaktionsmöglichkeiten« oder »Strategien« lassen den Schluss zu, der Hund könne sein Vorgehen bewusst auswählen. Das kann zutreffen, beispielsweise wenn er auf ein bewährtes Verhalten zurückgreift, Handlungen unterlässt, die sich als nicht so erfolgreich erwiesen haben oder auf Ihre Anweisung hin eine erlernte Alternative zeigt. Oft aber bestimmen verschiedene innere und äußere Faktoren das Verhalten des Hundes und ab einer gewissen Intensität seiner Angst, Aufregung oder Anspannung kann er auch seine Reaktionen nicht mehr willentlich steuern (s. Kapitel 1).

Angst/Unsicherheit

Angst ist ein Schutzmechanismus und biologisch sehr sinnvoll. Sie entsteht, wenn etwas als gefährlich, bedrohlich eingestuft wird. Angst tritt auch dann auf, wenn keine reale Gefahr besteht, der Hund aber mit etwas überfordert ist, eine Situation nicht einschätzen kann oder sich hilflos fühlt.

Vor was der einzelne Hund Angst hat und wie intensiv sich diese zeigt, ist von Hund zu Hund sehr unterschiedlich. Es hängt unter anderem von seiner angeborenen Sensibilität und gemachten Erfahrungen ab. Durch Lernen und geschickten Umgang mit angstauslösenden Faktoren kann die Angst weniger werden, aber – der Hund kann im Laufe seines Lebens auch neue Ängste entwickeln, das wissen die Halter eines ängstlichen Vierbeiners nur allzu gut. Unangenehme Ereignisse werden sehr schnell und leider auch sehr nachhaltig abgespeichert.

Umgangssprachlich reden wir von Angst oder Ängstlichkeit, wenn der Hund Angst vor etwas Bestimmten hat oder in vielen Alltagsmomenten unsicher und zurückhaltend ist. Genauer definiert, unterschiedet man zwischen folgenden Begriffen:

Scheu: eine angeborene Zurückhaltung gegenüber allem Unbekannten wie neue Umgebung, fremde Menschen oder Artgenossen.

Konkrete Angst oder Furcht bezieht sich auf einen bestimmten Auslöser, wie Geräusche, optische Wahrnehmungen, bestimmte Handlungen oder eine bestimmte Haltung des Menschen. Sie beginnt, wenn der Auslöser wahrgenommen wird und klingt wieder ab, wenn dieser verschwindet. Wie stark die Angstreaktion ausfällt, hängt von der Intensität des Auslösers ab.

Unsicherheit: hier gibt es meist keine konkreten Auslöser, es ist eher ein Mangel an Sicherheit. Bei vielen Hunden resultiert die Unsicherheit aus der Tatsache, dass sie nicht wissen, wie sie sich verhalten sollen.

Phobie, ein Begriff aus der Humanpsychologie: Der Hund reagiert unverhältnismäßig stark auf einen bestimmten Angstauslöser und erholt sich nur sehr langsam davon. Eine Phobie kann als Angststörung bezeichnet werden und benötigt professionelle Unterstützung.

Panik ist ein unkontrollierbarer schwerer Angstzustand. Eine typische Reaktion dabei ist die ziellose Flucht, manche Vierbeiner schreien, andere sind vollkommen still und versuchen nur wegzukommen. Der Hund ist in dieser Zeit nicht ansprechbar, Sie können nur versuchen, ihn zu sichern, damit er oder anderen nicht zu Schaden kommen. Achten Sie dabei auf Eigenschutz, er könnte auch schnappen oder beißen, wenn er berührt oder festgehalten wird.

Angstsignale

Die ersten Anzeichen von Angst oder Unsicherheit:

- Ohren und Ohrwurzel werden mit auf die Seite gerichteter Öffnung leicht nach hinten bewegt
- die Rute senkt sich, beim Kontakt mit Artgenossen deckt der Vierbeiner oftmals seine Analregion mit der Rute ab
- unruhiger Blick, teilweise fast hektisches hin- und her schauen, die Augenbrauen heben und senken sich
- langsamer werdende Bewegungen
- hecheln
- Manche Vierbeiner bekommen eine Art

Angst- und Unsicherheitssignale: Ohren leicht nach hinten, Stirn glatt, Mundwinkel langgezogen, Fang geschlossen, ab und an leichtes Züngeln, manchmal auch mit kleinen Schmatzlauten verbunden.

Rundrücken, weil ihre Vorderbeine bereits abstoppen, während die Hinterbeine noch in Bewegung sind und dadurch unter dem Körper zu stehen kommen.

- Distanzvergrößernde Bewegungen, um mehr Abstand zum Angstauslöser zu bekommen: kleine Ausweichbewegung, Blick abwenden, einen Schritt rückwärtsgehen oder auch nur den Körperschwerpunkt ein wenig nach hinten verlagern.

Nimmt die Angst zu, werden auch die Signale deutlicher. Der Hund wirkt zunehmend wie in sich zusammengezogen, weil Angst zu einer starken Muskelanspannung führt:

- Kopf abgesenkt oder auf Höhe der Rückenlinie
- Augen weit offen und rund, Pupillen weit geöffnet, der Blick kann wie hypnotisiert auf den angstauslösenden Reiz gerichtet sein oder leicht unruhig hin- und hergehen
- Ohren deutlich nach hinten-unten gezogen
- Stirn, Gesichts- und Kopfhaut straff und angespannt

Zögernde, leicht ausweichende Bewegungen, Rute gesenkt.

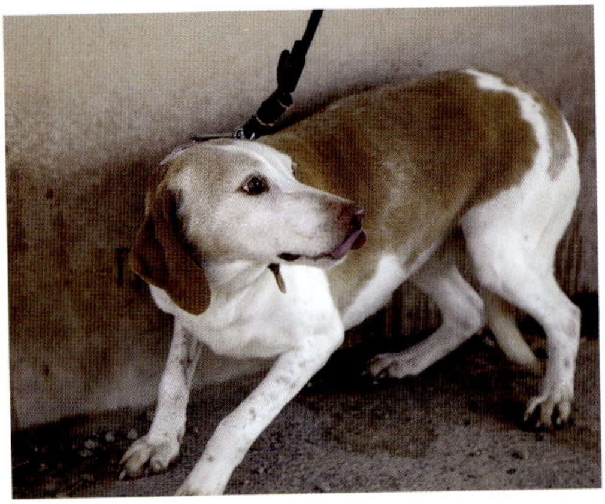

Züngeln, Ohren nach hinten gelegt, große Augen mit Blick auf den angstauslösenden Reiz, abgeduckte Körperhaltung mit eingeklemmter Rute.

- Fang geschlossen mit mehr oder weniger stark nach hinten gezogenem Mundwinkel, immer wieder kurzes Züngeln
- Rute unterhalb der Rückenlinie, ohne Bewegung nach unten gelegt oder zwischen die Beine geklemmt
- Gliedmaßen eingeknickt, Körperhaltung abgeduckt.
- Deutliche Ausweichbewegungen: wegstreben vom angstauslösenden Reiz, wegrennen, verkriechen oder flüchten.

Angstverhalten geht zudem immer einher mit Stress-Symptomen, der Vierbeiner, zittert, hechelt, speichelt, verweigert das Leckerchen, haart oder schuppt sich.

Die Laute eines ängstlichen Hundes haben überwiegend eine hohe Tonlage. Einen typischen Angstlaut gibt es allerdings nicht und nicht jeder Vierbeiner äußert sich stimmlich. Der Hund kann fiepen, winseln, schreien, um seinen Emotionen Ausdruck zu verleihen, leise wuffen oder auch knurren, um das Angstmachende auf Abstand zu halten und von manchen vernimmt man nur leise Schmatzgeräusche. Hat ein Hund sehr große Angst, stellt er Lautäußerungen meist vollständig ein.

Verhalten zwischen Unsicherheit und Neugier

Viele Hund sind verunsichert, aber dennoch verhalten interessiert, wenn sie sich mit unbekannten Reizen konfrontiert sehen. An ihrer Körpersprache sind leichten Angstsignale abzulesen, aber auch kleine Vorwärtstendenzen. Ihre Neugier ist eine gute Motivation, die leichte Verunsicherung zu bewältigen. Diese Signale können Sie beobachten:

- Der Hund zögert, nähert sich langsam, unterbrochen durch ab und an Stehenbleiben, auf der Stelle treten oder ruckartiges Zurückschrecken.
- Beim Stehen wirkt der Hundekörper langgezogen, Kopf und Hals werden dem Objekt entgegengestreckt, während die Hinterhand stehen bleibt oder eine leichte Rückwärtstendenz aufweist.

Boote sind etwas Neues für diesen Hund, er schwankt zwischen Unsicherheit und Neugier: Es wirkt, als würde er mit seinem Vorderkörper in Richtung des »gefährlichen« Unbekannten gehen wollen, sein Hinterteil jedoch signalisiert die Rückzugsbereitschaft.

- Wählt der Vierbeiner den Rückzug, geht er meist zunächst einige Schritte rückwärts, wendet sich dann leicht ab und umgeht den »Gefahrenherd«. Er behält dabei den beunruhigenden Reiz immer im Blick
- Entscheidet er sich für die Annäherung, schnüffelt er oftmals vorsichtig daran, behält es weiterhin im Auge, seine Körperhaltung ist dabei noch angespannt und immer zum sofortigen Rückzug bereit

Meideverhalten

Damit versucht der Hund einer unangenehmen Situation aus dem Weg zu gehen – ein durchaus nachvollziehbares Verhalten. Auslöser können Begebenheiten sein, in denen er erschrickt, sich sehr ängstigt, Schmerzen, Stress oder Unbehagen empfindet. Unglücklicherweise verknüpft er häufig nicht nur die direkte Begebenheit, sondern auch das Umfeld mit der gemachten Erfahrung. Das macht es mitunter schwierig, die Ursache herauszufinden. Nach einem erschreckenden Erlebnis mit einem Elektrozaun meidet er nicht automatisch den Zaun, sondern könnte seinen Schreck auch mit den Weidetieren in Verbindung bringen, die er in diesem Moment betrachtet hat, mit einem Artgenossen, der gerade neben ihm ging oder der Spaziergehstrecke.

Meideverhalten kann sich auf Situationen, Räumlichkeiten, Artgenossen, Personen oder Objekte beziehen und nur kurz oder auch länger anhaltend sein.

Deutlich erkennbar ist Meideverhalten, wenn der Hund nicht mehr weitergehen möchte, bestimmte Räumlichkeiten nicht mehr betritt, wegrennt oder wegzieht und mit allen Mitteln versucht, einen möglichst großen Abstand zwischen sich und die »Gefahr« zu bringen.

Beim kleinen Meideverhalten – ich spreche gerne vom »leisen NEIN«, wird es etwas schwieriger, weil die Signale oft nicht sehr ausgeprägt gezeigt werden.

- Der Körperschwerpunkt geht weg vom Auslöser, oft etwas abgeduckt mit leicht eingeknickten Beinen, Rute unten
- Kopf und Blick sind abgewandt, Ohren leicht nach hinten
- Beschwichtigungsgesten wie Blinzeln, über die Nase lecken, Hecheln,
- Der Hund hält Abstand, kommt auch auf Aufforderung nur zögerlich näher oder geht etwas geduckt vorbei

Beispiele für das kleine Nein: der Hund merkt, dass sein Mensch mit den ungeliebten Ohrentropfen ankommt und wendet sich ab. Er findet eine Person suspekt, die ihn streichen möchte oder ihm ein Leckerchen anbietet und hält Abstand. Er meidet Familienmitglieder oder auch seinen Menschen, weil diese körperlich sehr robust mit ihm umgehen, ihn sehr harsch ansprechen oder mit Methoden erziehen, die ihn einschüchtern. Sieht er sich gezwungen mit der Person zu interagieren, zeigt er Beschwichtigungsgesten und kleine Ausweichbewegungen.

Je nach Auslöser, braucht es dann unterschiedliche Vorgehensweisen und vielleicht müssen Sie auch Ihren Umgang mit dem Vierbeiner etwas verändern. Manches, wie z.B. Ohrentropfen eingeben, muss einfach sein, dennoch kann man den Hund durch behutsames Medical-Training daran gewöhnen und ihm so die Sache leichter machen.

Wichtig ist, dass Sie geduldig bleiben und seine Signale nicht einfach übergehen. Es teilt mit, dass er eine Situation seltsam oder beängstigend findet und falls er sie als anhaltend belastend oder bedrohlich einschätzt, könnte er auch deutlicher in seiner Abwehr werden.

Besonderheit Erstarren (Freeze)

Der Hund erstarrt, d.h. er verharrt bewegungslos, und wirkt in diesem Moment wie eingefroren, wenn er sich stark ängstigt, bedroht oder bedrängt fühlt und sein Körper sich nicht zwischen Flucht und Verteidigen entscheiden kann. Ein total erstarrter Hund ist nicht mehr empfänglich für Anweisungen. Wenn Sie ihn an der Leine weiterziehen möchten, lässt er sich ziehen, bewegt sich aber nicht von sich aus.

Wie lange er in diesem Zustand verharrt bzw. wie er danach reagiert, ist unterschiedlich. Manche explodieren irgendwann richtiggehend, vor allem, wenn die Belastung weiter zunimmt, und versuchen dann panisch zu flüchten oder attackieren. Andere Vierbeiner erwachen erst dann aus ihrer Starre, wenn die Gefahr vorbei ist und versuchen anschließend, den Stress zumindest teilweise wieder abzubauen, in dem sie bellen, schnüffeln oder unruhig hin und her laufen.

Hunde zeigen diese Reaktion oft auch bei tierärztlichen Behandlungen, Pflegemaßnahmen oder wenn sie festgehalten werden. In solchen Augenblicken wird das Erstarren immer wieder als besonders brav und duldsam interpretiert, weil der Vierbeiner dabei so einiges über sich ergehen lässt, ohne sich zu regen. Den Unterschied zum freiwillig in dieser Lage bleiben und einfrieren bemerken Sie an seiner Anspannung. Erstarren geht immer mit einer sehr hohen Muskelanspannung einher, was manche tierärztliche Untersuchung fast unmöglich macht.

Wenn der Hund festgehalten werden muss, können Sie in diesem Moment wenig verändern, außer dass Sie ihm durch Ihr Verhalten Ruhe und

Erstarren geht nicht automatisch mit einer ängstlichen Körperhaltung einher. Dieser Golden Retriever verharrt mit waagerecht gehaltener Rute, die Beine sind durchgedrückt, Ohren nach vorne gedreht und sein Blick ist auf den auslösenden Reiz gerichtet: den Baumstumpf.

Sicherheit vermitteln, soweit dies eben möglich ist. Geben Sie ihm im Anschluss die Möglichkeit, den entstandenen Stress und die Anspannung abzubauen.

Eine andere Situation, in der das Freeze zwar nur kurz, aber doch deutlich gezeigt wird: der Hund nimmt einen Reiz wahr und bleibt auf einmal wie angewurzelt stehen. Beispielsweise wenn er bei Entgegenkommenden einen größeren Gegenstand nicht zuordnen kann und eine Gefahr bzw. einen anderen Hund vermutet. Es ist vergleichbar mit einem kurzen Erschrecken. Wenn er nach einem Moment der Starre bemerkt, dass es sich nicht um etwas Gefährliches handelt, löst sich seine Anspannung. Sie können dies oft richtiggehend hören und sehen: der Hund schüttelt sich, atmet erkennbar aus, schnaubt oder gähnt und geht dann weiter.

Einige Hunde setzen sich nach kurzem Erstarren und beobachten das Unbekannte oft einige Minuten, bis sie sich dann abwenden. Lassen Sie ihm diese Zeit, wenn Sie aber bemerken, dass seine Anspannung zunimmt, sollten Sie ihn ansprechen und vom Aufregungsobjekt weglenken.

Wie können Sie Ihren Hund unterstützen?

Angst ist ein sehr unangenehmes Gefühl, vor allem, wenn man sich ihr hilflos ausgeliefert fühlt. Ich bin deshalb äußerst zurückhalten mit Ratschlägen, wie den Hund und seine Angst zu ignorieren oder ihn bewusst intensiv damit zu konfrontieren. Vielleicht haben Sie Glück und er kommt damit klar oder lernt dabei sogar, dass seine Angst unnötig ist. Oft verstärkt aber ein solches Vorgehen den Stresslevel und im schlimmsten Fall belastet es den Hund derart, dass er beim nächsten Mal noch früher und stärker reagiert.

Welche Unterstützung Ihr Hund braucht, ist so individuell wie seine Angst. Das kann ein geschicktes Management sein, ein gezieltes Training, bei dem er behutsam an den angstauslösenden Reiz gewöhnt wird, ein Alternativverhalten lernt und auch Ihr Verhalten hat einen Einfluss.

Hilft trösten? Diese Frage wird mir häufiger gestellt und wir klären dann erst einmal, was mit Trösten gemeint ist.

Trösten in Form von passender Unterstützung und für ihn da sein, sehe ich als sehr hilfreich an. Trösten im Sinne von Bemitleiden hat meist wenig Erfolg oder verstärkt die Angst. Natürlich ist Empathie wichtig, wenn Sie sich aber seine Stimmung zu sehr zu eigen machen, ihn besorgt betrachten oder überfürsorglich behandeln, kann ihn dies zusätzlich verunsichern. Mit Trösten meine ich auch nicht den Hund mit Leckerchen vollzustopfen, ihn fast zwanghaft zu streicheln oder beständig auf ihn einzureden.

Trösten bedeutet für mich, dass ich meinem Hund nicht alleine lasse, sondern ihm helfe, mit der angstauslösenden Situation und seinen Gefühlen umzugehen. Dadurch wird die Situation erträglicher für ihn und er findet leichter wieder zurück zum normalen Verhalten.

Bleiben Sie ihm zugewandt und bieten Sie ihm Ihre Nähe an. Überlegen Sie, welche Anweisungen oder zuvor trainierte Alternative ihn in diesem Moment ablenken bzw. darin unterstützen, sich zu entspannen und die Situation zu meistern.

Geben Sie dem Hund Zeit, eine neue Herausforderung eigenständig zu bewältigen, aber wählen Sie Umfeld und Aufgabe so, dass es seinen Fähigkeiten angemessen ist und er Erfolg hat.

Auch Hunde scheinen das kleine Glücksgefühl zu empfinden, das sich einstellt, wenn man eine Herausforderung gemeistert hat. Wenn dann noch Ihre positive Rückmeldung dazukommt, stärkt das sein Selbstbewusstsein und lässt ihn mutiger werden.

Motivieren Sie ihren Hund mutiger zu werden. Jeder kleine Fortschritt, den er hierbei macht, ist ein Erfolgserlebnis für ihn.

Stärken Sie sein Selbstbewusstsein, in dem er kleine Herausforderungen meistert, über die Sie sich freuen und für die Sie ihn loben. Das können Tricks und neue Bewegungsabläufe sein, Aufgaben, die ihm liegen oder Erkundungstouren in eine unbekannte Umgebung, die er in seinem Tempo entdecken darf.

Es gibt immer wieder Situationen, die der Hund meidet, weil er sich unsicher fühlt. Er traut sich beispielsweise nicht über eine Brücke oder einen schwankenden Steg und ist erst einmal erleichtert, wenn er sie nicht überqueren muss. Dieses Vermeiden kann allerdings seine Unsicherheit auch immer mehr festigen. Es kommt deshalb immer auf den Hund und die Situation an, wie Sie mit seiner Unsicherheit umgehen, ob Sie einen Umweg nehmen oder ihn dabei unterstützen, die Brücke zu bewältigen – mit viel Ruhe, Zeit und in kleinen Schritten.

Fördern Sie seine Eigenständigkeit und Kreativität: Das bedeutet nicht, dass er machen darf, was er will, sondern, dass Sie ihm im Alltag oder auch in gezielten Trainingssituation die Möglichkeit geben, eigenständig kleine Probleme zu lösen. Auch hierzu gibt es eine ganze Reihe geeigneter Aufgaben von etwas suchen bis Hindernisse überwinden.

Weil Angst automatisch auch Stress erzeugt, hilft dem Hund alles, das seinen Stresslevel senkt und seine Ausgeglichenheit fördert. Eine entspannte Grundstimmung trägt außerdem dazu bei, dass er beim Training aufnahmebereiter ist, in Angstsituationen einen gewissen »Gelassenheits-Puffer besitzt oder sich schneller erholt. Körperkontakt und ruhiges streicheln hilft vielen Hunden dabei sich zu entspannen und nach einer angstauslösenden Situation wieder ruhiger zu werden. Beim Körperkontakt wird das sogenannte Kuschelhormon Oxytocin ausgeschüttet, das senkt die Herzfrequenz des Hundes und bewirkt, dass die Ausschüttung von Stresshormonen reduziert wird.

Drohverhalten

Auch wenn es für viele Menschen nicht so recht in ihr Bild vom netten, zugewandten, kuscheligen Familienmitglied passt: Hunde sind nicht nur freundlich, zutraulich oder zurückhaltend, sie drohen, greifen an, verteidigen, falls es ihnen notwendig erscheint. Aggressives Verhalten ist ein normaler Bestandteil ihres Sozialverhaltens und dazu gehören auch Auseinandersetzungen. Das hat nichts mit gut oder böse nach menschlichem Moralverständnis zu tun. Jeder Hund kann in einer Konfliktsituation auf den aggressiven Teil seines Verhaltensrepertoires zurückgreifen. Und – mal ehrlich: Schreien Sie nie, bekommt Ihre Stimme nie einen scharfen Unterton, gehen Sie nicht auch mal sehr energisch auf Ihr Gegenüber zu, auch wenn Sie im Prinzip ein friedliebender Mensch sind?

Drohsignale sind eine deutliche Botschaft an ein Gegenüber: »Komm nicht näher bzw. ich möchte, dass du weggehst. Gründe für dieses Verhalten gibt es aus Hundesicht durchaus:

- Er möchte andere von etwas fernhalten, das ihm sehr wichtig ist, wie beispielsweise ein Spielzeug, Futter, sein Territorium oder auch seine Gruppenmitglieder – hier werden hauptsächlich Signale aus dem Bereich des Offensivdrohens gezeigt.
- Er fühlt sich bedrängt oder bedroht – in diesem Fall sind überwiegend Signale von defensivem Drohen erkennbar.

Der andere weiß nun Bescheid über die Stimmung des Hundes und kann durch eine entsprechende Reaktion eine ernsthafte Auseinandersetzung vermeiden. Drohverhalten ist aber auch die Ansage, dass der Hund im nächsten Schritt zubeißen könnte, wenn der andere nicht passend reagiert.

Aggressives Verhalten ist immer mit dem Risiko verbunden, selbst verletzt zu werden. Hunde zeigen es daher meist nur dann, wenn sie sich ihrer Sache sicher sind, die Erfahrung gemacht haben, dass anderen Strategien nicht zum Erfolg führen oder wenn sie sich in die Enge getrieben und keinen Ausweg sehen.

Offensives Drohen

Ein offensiv drohender Hund fühlt sich körperlich und mental sicher und signalisiert, dass er eine Auseinandersetzung nicht scheut, falls sein Gegenüber die Warnung nicht ernst nehmen sollte. Er wirkt selbstbewusst und sehr klar in seinen Ausdrucksbewegungen. Es ist keine Hektik oder Aufregung spürbar, sondern eine fast bedächtige Langsamkeit und Ernsthaftigkeit. Offensiv drohen heißt nicht automatisch laut

Der dunkle Hund hat den hellen zu sehr bedrängt. Dieser zeigt durch eine Drohgeste, dass er mehr Abstand möchte. Auch in der Bewegung ist gut zu erkennen, dass sich Signale und Körperschwerpunkt zum Gegenüber ausrichten: gerunzelter Nasenrücken, Fellsträuben im vorderen Bereich, Ohren nach vorne.

und dramatisch, es besteht manchmal nur aus Blickfixieren, dem nach vorne ausgerichtetem Körper und einem mehr oder weniger deutlichen Knurren. Vor allem die ersten Anzeichen verlaufen völlig lautlos und sehen für den ungeübten Beobachter sehr harmlos aus. Der Hund schaut »nur« in Richtung des Gegenübers und hört auf zu hecheln (weil er beim Offensivdrohen den Fang mehr oder weniger schließt). Einige Hundepersönlichkeiten zeigen nur ein kurzes Anspannen der Muskulatur verbunden mit einem direkten Blick, um dem anderen zu signalisieren: ich meine das ernst!

Diese Signale können Sie beobachten:

- Körperschwerpunkt und alle Bewegungen sind nach vorne zum Gegenüber ausgerichtet, Der ganze Hund wirkt wie nach vorne gedrückt, Hals und Kopf sind vorgestreckt, selbst das Fell sträubt sich im vorderen Rücken- und Nackenbereich nach vorne.
- Die Beine sind durchgedrückt, die Rute wird waagerecht gehalten oder über die Rückenlinie erhoben, Muskeln angespannt.
- Aufgestellte, bzw. an den Ohrwurzeln nach vorne/seitlich bewegte Ohren.
- Nasenrücken mehr oder weniger gekräuselt, auf der Stirn entsteht oftmals eine kleine Furche.
- Lippen geschlossen oder vorne hochgezogen, kurzer Maulspalt, nur die vorderen Zähne werden sichtbar.
- Blickfixieren: Die Augen sind direkt auf den anderen gerichtet. Häufig sind die Augen verengt und die Pupillen klein.
- Langsame, fast steife Bewegungen,
- Langsame Annäherung an den Angedrohten, evtl. mit Körperkontakt, der Angedrohte wird beschnüffelt, abgedrängt

- Die Tonlage beim offensiv drohenden Hund ist tief und hört sich grollend und von weit unten aus dem Brustkorb kommend an, sowohl beim Bellen als auch beim Knurren.

Mischmotiviert

Häufig mischen sich die Merkmale von offensiv und defensiv Drohen, beispielsweise dann, wenn der Hund etwas verteidigen möchte, sich aber nicht wirklich sicher ist, dass ihm dies gelingt. Zudem ist so eine Drohsituation ein fließender Prozess und je nach Reaktion des Gegenübers verstärkt der Drohende seine Signale, schwächt sie ab oder wechselt zwischen den beiden Drohformen hin und her.

Je unsicherer ein Hund wird, umso länger wird die zuvor kurze Maulspalte nach hinten gezogen, seine Tonlage wechselt von tief zu etwas höheren Tönen und seine Körperhaltung zeigt eine immer stärkere Rückwärts-Tendenz.

Zunehmende Sicherheit macht sich bemerkbar durch eine leichte Gewichtsverlagerung nach vorne, ein immer intensiveres Blickfixieren und eine insgesamt ruhiger, aber steifer werdende Körperhaltung. Je weniger Bewegung man am Hund erkennt, umso ernsthafter /bedrohlicher wird die Situation. Man fühlt die Veränderung manchmal regelrecht, noch ehe man sie an messbaren Signalen ablesen kann.

Bei diesem Vierbeiner sind überwiegend Merkmale von Offensiv-Drohen erkennbar: Blickfixieren, Nasenrücken runzeln, Zähne nur im vorderen Bereich sichtbar, angespannte, steife Körperhaltung.

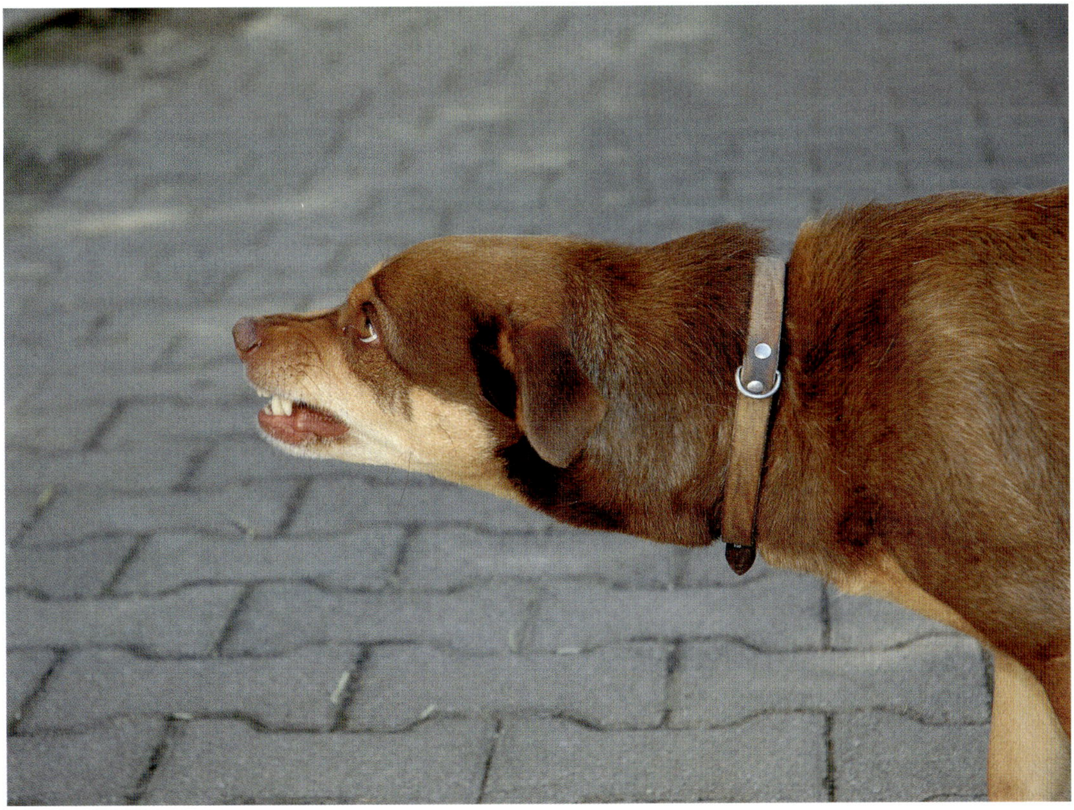

Defensives Drohen

Wird in der Regel dann gezeigt, wenn sich der Hund bedrängt oder bedroht fühlt. Er sieht keine Rückzugsmöglichkeit oder hat Zweifel an seinen Durchsetzungsfähigkeiten, fühlt sich aber dennoch genötigt zu kämpfen, falls der andere auf sein Drohen nicht reagiert.

Defensives Drohen wird von den meisten Hundehaltern schnell bemerkt, weil sich dabei die Körperhaltung des Hundes deutlich verändert und die Signale teilweise recht spektakulär und gefährlich aussehen.

- Ein defensiv drohender Hund wirkt, als wäre alles an ihm nach hinten gezogen
- Der Körperschwerpunkt ist auf die Hinterbeine verlagert, die oft etwas eingeknickt sind. Vorderbeine meist durchgedrückt, um den Körper zurückzuschieben
- Mundwinkel langgezogen, Zähne sichtbar teilweise bis zu den Backenzähnen, Maulaufreißen
- Ohren an den Kopf gelegt, Ohrmuschel nach außen, glatte Stirnhaut
- Nasenrücken nach hinten-oben gezogen und gerunzelt
- Haare über den gesamten Rückenbereich aufgestellt
- Augen weit geöffnet, kein direkter Blickkontakt
- Abwehrschnappen in die Luft, teilweise mit Zähneklappern

Typisch für Defensiv-Drohen: Kopf und Nasenrücken etwas nach oben gehalten, Hinterbeine eingeknickt. Ohren mit zur Seite gehaltenen Öffnung nach hinten, Fang weit geöffnet, so dass Zähne und sogar das Zahnfleisch bis zu den Backenzähnen sichtbar sind.

Bei diesem Vierbeiner fallen besonders die weit geöffneten Augen mit den großen Pupillen auf sowie das Abwehren mit den Pfoten.

- Die Tonlage eines defensiv drohenden Hundes ist eher hoch und hört sich heller und »dünner« an als beim offensiv drohenden Tier. Bei zunehmender Ängstlichkeit kann er auch schreien oder kreischen
- Wenn der Vierbeiner am Boden liegt, beispielsweise während einer Auseinandersetzung mit einem Artgenossen, erkennen Sie eine Art Abwehrzappeln oder er tritt mit den Beinen nach oben gegen den anderen.

Je länger die Bedrohung anhält und je unsicherer der Hund dabei wird, umso extremer wird das defensive Drohen. Manche Vierbeiner knicken fast vollständigen nach hinten ein, schnappen um sich oder weichen abgeduckt in Schräglage aus.

Drohen – was tun?

Reagieren Sie zügig, aber überlegt: am besten ist es, wenn Sie erst einmal vom Auslöser weg gehen bzw. den auslösenden Faktor entfernen, falls dies machbar ist. Denn reagiert der Bedrohte angemessen, d.h. zieht sich zurück, dann entspannt sich der Drohende häufig wieder und lässt es dabei bewenden. Eine Garantie dafür gibt es leider nicht. Bleibt die Bedrohung weiterhin bestehen oder verstärkt sich, weil der anderen näherkommt oder seinerseits Drohgesten zeigt, kann dies durchaus einen Angriff auslösen. Dabei muss es nicht zwingend zu ernsthaften Verletzungen kommen, oft handelt es sich um gehemmtes Beißen oder ein schnelles kurzes Vorpreschen, um der Drohung Nachdruck zu verleihen.

Eskalationsstufen

Für viele kommt ein Angriff, ein Zuschnappen wie aus heiterem Himmel, weil die vorhergehenden Signale übersehen oder für unbedeutend gehalten werden. Dazu kommt, dass Hunde die Signale nicht immer lehrbuchmäßig in einer Art Stufenplan zeigen, sie überspringen manche Signale oder zeigen sie ausgesprochen kurz. Oft erkennt man erst mit der Zeit, welche Anzeichen beim eigenen Hund besonders wichtig sind. Vielleicht wird er nur kurz steif oder seine Augen verengen sich und dann schnappt er auch schon zu.

- Es beginnt häufig mit kleinen beschwichtigenden Gesten, wie Kopf abwenden, Züngeln, Blinzeln, Gähnen, die im Verlauf an Intensität zunehmen können.
- In der nächsten Stufe zeigt der Hund erste Drohsignale: Blickfixieren, Lefzenkräuseln, angespannte Körperhaltung
- Die Drohsignale werden deutlicher: Knurren, Zähnezeigen, Bellen, Steifwerden
- Die Drohsignale steigern sich weiter: Abschnappen, Nach-vorne-Gehen, drohende Körperhaltung
- Gehemmter Angriff: Zwicken, Zuschnappen, gehemmtes Zubeißen
- Ungehemmtes Zubeißen oder mehrfaches Beißen

So könnten Sie handeln: Ihr Hund wird angedroht: Sprechen Sie ihn ruhig an, signalisieren Sie ihm, dass er sich mit Ihnen zusammen abwenden soll, am besten ist dabei ein Ausweichen zur Seite weg vom Gegenüber. Lassen Sie ihm dabei etwas Leinenspielraum, damit er frei kommunizieren und beispielsweise beschwichtigende Gesten zeigen kann. Unternehmen Sie nichts, was den Konflikt anheizen könnte, wie heftige Bewegungen oder aufgeregte Anweisungen.

Ihr Hund droht andere an: Befindet er sich dabei an der Leine, können Sie ihn am ehesten davon abhalten, weiter auf den anderen zuzugehen. Halten Sie die Leine fest, aber bauen Sie dadurch keine zusätzliche Spannung auf und führen Sie ihn mit einem ruhigen, aber deutlichen Signal seitlich vom anderen weg. Vielen Hunden hilft ein zuvor erlerntes Alternativverhalten, um aus ihrer Anspannung herauszukommen. Am wichtigsten ist, dass Sie ruhig bleiben und so souverän als möglich handeln.

Bewegt sich Ihr Hund frei, kann ein gut etablierter Rückruf die Lage retten oder, falls es sich beim Angedrohten um eine Person handelt, weisen Sie diese an, sich ruhig zu verhalten und den Hund nicht anzuschauen.

Ein (Ihr) Hund droht Ihnen: Verhalten Sie sich deeskalierend, d.h. Blickkontakt vermeiden, nicht weiter annähern, sich leicht zur Seite drehen, ruhig, aber nicht betont seltsam bewegen. Ziehen Sie sich langsam zurück, wenden Sie aber nicht zackig um oder rennen gar weg, dies könnte den Vierbeiner zum Nachsetzen animieren. Machen Sie in diesem Moment kein Machtspiel daraus und verzichten Sie auf Einschüchterungsversuche, der Hund könnte seine Drohung wahrmachen.

Im Moment des Drohens ist es mir am wichtigsten, erst einmal dafür zu sorgen, dass alle glimpflich davonkommen und sich die Lage wieder entspannt. Im Anschluss sollten Sie dann darüber nachdenken, warum es zu dieser Situation gekommen ist, welche Signale Sie zuvor übersehen haben und wie Sie mit Ihrem Vierbeiner trainieren können. Bei diesem Problemkreis rate ich immer zur Unterstützung durch einen erfahrenen Trainer. Um nachhaltige Veränderungen zu erreichen, braucht es meist viele Trainingsschritte, dabei kommt es oft auf jede Kleinigkeit an und es müssen allen Faktoren miteinbezogen werden, die zum aggressiven Verhalten beitragen können. Manche Vierbeiner haben beispielsweise eine ausgesprochen geringe Frustrationstoleranz. Wenn Ihnen etwas verwehrt wird, geraten sie schnell in große Anspannung, was bei einigen auch zu aggressivem Verhalten führt. Je gestresster ein Hund ist, umso schneller »liegen die Nerven blank« und er reagiert unangemessen heftig.

Ressourcen verteidigen – auch Knurren ist Kommunikation

Wenn der Vierbeiner steifbeinig über seinem Kauknochen steht oder knurrend den geklauten Hausschuh verteidigt, löst das bei vielen Hundehaltern enorme Verunsicherung aus. Ist der Hund respektlos, mutig, gefährlich, soll man ihn gewähren lassen oder sogleich energisch dagegen vorgehen? Und je nach Situation bewerten wir sein Verhalten aufgrund unserer Emotionen. So wird es meist als normal angesehen, dass ein Hund sein Spielzeug, das Mauseloch, den gefundenen Apfel gegenüber einem Artgenossen verteidigt, vielleicht sogar als ausgesprochen mutig bezeichnet, wenn es ein kleiner Vierbeiner gegenüber einem deutlich größeren zeigt. Verteidigt er es uns gegenüber oder werden wir bzw. unsere Lieben vom eigenen Hund angeknurrt, sieht die Sache völlig anders aus. Und wenn er uns bzw. unsere Streicheleinheiten sowie die Leckerchen als Ressource betrachtet und dies gegenüber Artgenossen verteidigt, löst das wieder andere Empfindungen aus.

Für Hunde ist es völlig normal und auch sinnvoll, ein wertvolles Gut behalten zu wollen und nicht einfach anderen zu überlassen. Einige Vierbeiner neigen aufgrund ihrer Persönlichkeit oder Genetik etwas ausgeprägter zur Ressourcenverteidigung. Bei manchen führen Stress, gesundheitliche Probleme, Unruhe, allgemeine Anspannung sowie Frustration dazu, dass sie verteidigungsbereiter reagieren. Andere wieder denken nicht daran, etwas zu verteidigen, auch wenn die Situation noch so angespannt und belastend ist.

Eine Ressource kann alles sein, was dem Hund in diesem Moment wichtig ist: sein Futter, der Liegeplatz, ein Spielzeug, die Schnüffelstelle, sein Mensch, das Haus, der Müll, den er unterwegs findet. Für manchen Hund ist auch die eigene Unversehrtheit, Individualdistanz oder sein Ruhebedürfnis schützenswert. Er fühlt sich schnell bedroht, wenn ihm jemand zu nahekommt oder ihn berührt.

Wie intensiv und aus welcher Distanz der Hund reagiert, ist individuell und von der Situation abhängig. Je erregter der Hund und je wichtiger ihm die Ressource ist, umso größer ist die Wahrscheinlichkeit, dass er sie vehement verteidigt. Ressourcen Verteidigung hört auf, sobald der andere kein Interesse mehr daran hat oder der

Hund kein Bedürfnis mehr verspürt diese zu verteidigen, weil sie ihm nicht mehr wichtig ist.

Signale und Verhalten des Hundes beim Verteidigen einer Ressource

- Ressourcen-Sicherung, d.h. der Hund trägt seine Beute weg, sobald ein Artgenosse oder Mensch zu nahekommt, er schlingt das Gefundene rasch hinunter, frisst schneller, schirmt die Beute mit dem Körper ab oder legt sich darauf.
- Einige Hunde zeigen anfangs noch beschwichtigende Gesten, wie blinzeln, sich abwenden und Stress-Signale, beispielsweise wenn sie sich vom auf sie zukommenden Menschen bedrängt oder bedroht fühlen.
- Die Körperspannung nimmt immer mehr zu. Der Hund senkt den Kopf in unmittelbare Nähe der Ressource, beugt sich über sie oder stellt sich darüber, sein Blick ist auf denjenigen gerichtet, der ihm die Ressource streitig machen möchte
- Wenn er die Ressource im Fang hält, wendet er häufig den Kopf ab, behält aber den anderen im Blick, daher ist dann meist das Weiß in den Augen sichtbar.

Der rechte Hund verteidigt das Futter in typischer Haltung: Kopf über die Ressource gesenkt, Ohren nach vorne, Blick auf den Artgenossen gerichtet. Dieser zeigt defensive Drohgesten: Ohren nach hinten, Körperhaltung abgeduckt und rückwärtsgerichtet. Wie sich die Situation entwickelt, lässt sich aus dieser Momentaufnahme nicht sagen. Der linke Hund könnte sich weiter zurückziehen, dann entspannt sich die Lage vermutlich etwas. Falls er weiterhin Anspruch auf das Futter deutlich macht, kann es auch zu einer Auseinandersetzung zwischen den beiden kommen.

- Er kräuselt leicht die Lefzen, zieht sie deutlicher nach oben, dabei kräuselt sich auch der Nasenrücken und die Zähne werden sichtbar, seine Körperspannung steigt
- Dem folgt ein Knurren oder auch ein tiefes Bellen

Wenn auch dies nicht zum Erfolg führt, wird er noch deutlicher: er schnappt in die Luft, springt nach vorne oder schnappt zu.

Knurren ist nicht ungehörig, sondern Kommunikation. Es ist ein akustisches Warnsignal, mit dem der Hund seinem Gegenüber sagt: Stopp, nicht weiter annähern bzw. aufhören mit dem, was du gerade tust! Die Gründe für dieses Stopp können unterschiedlich sein

- das Verhalten des anderen verunsichert ihn, er hat Angst und schützt sich vor einer vermeintlichen oder echten Gefahr
- er fühlt sich in dieser Situation unwohl, ist gestresst oder empfindet durch eine Berührung Schmerz und Unbehagen
- er möchte etwas oder jemanden (be)schützen: sein Futter, sein Auto, sein Mauseloch, seinen Menschen

Wenn Sie ihm sein Knurren verbieten, löst das nicht Ihr und sein Problem. Er lässt dann zwar mit der Zeit diesen Satz in der Kommunikation einfach aus, aber die Emotionen, die er in dieser Situation empfindet bleiben bestehen und irgendwie muss er sich ja ausdrücken. Also geht gleich zum nächsten Satz über, er droht deutlicher oder greift »ohne Vorwarnung« an, wie es dann so oft heißt.

Ein Hund sollte möglichst selten in Situationen kommen, in denen er aus Abwehr knurren muss. Denn dies bedeutet in der Regel, dass seine vorangegangenen Signale nicht bemerkt oder ignoriert wurden. Wenn ein Hund wegen jeder Kleinigkeit knurrt, ist dies meist ein Zeichen dafür, dass er sich häufig missverstanden fühlt und völlig überfordert ist.

Was tun bei Ressourcenverteidigung?

Zeigt der Hund das Verhalten gegenüber einem Artgenossen und dieser reagiert darauf angemessen mit Rückzug, brauchen Sie nicht direkt einzugreifen, sollten die Vierbeiner aber im Auge behalten, denn die Situationen kann sich jederzeit ändern.

Wenn Sie vom eigenen Hund angeknurrt werden oder er Ihnen gegenüber etwas verteidigt, löst das vermutlich schon Unbehagen aus und vielleicht schwanken Sie zwischen Unsicherheit, Hilflosigkeit und dem Gefühl, sich das nicht gefallen zu lassen. Wie gesagt, Ressourcen zu verteidigen, ist aus Hundesicht ein übliches Verhalten, das er jedem gegenüber – auch Ihnen – zeigen kann. Dass dieses Verhalten dann weitere Überlegungen nach sich ziehen muss, steht außer Frage.

In welchen Momenten Sie sich Ihrem Vierbeiner nähern, ihn anfassen oder ihm etwas wegnehmen können, wird unterschiedlich sein. Manchmal gehen Sie vielleicht völlig selbstverständlich zu ihm, nehmen ihm den Hausschuh weg und der Vierbeiner akzeptiert dies ohne Weiteres. Ein anders Mal hält Sie Ihr Bauchgefühl auf Abstand, obwohl die Situation vordergründig fast dieselbe ist.

In einer Akut-Situation sind Sie auf der sicheren Seite, wenn Sie sich auf keine Auseinandersetzung einlassen. Der Hund spürt jede Anspannung und Verunsicherung. Er gerät vor allem dann

Ressourcen-Verteidigung beginnt oft ganz unspektakulär: Der Hund wird ein wenig angespannter, hält den Kopf dicht über sein Spielzeug, sein Blick ist auf denjenigen gerichtet, der sich ihm nähert. Die Anspannung zeigt sich hier durch leicht angehobene Ohrwurzeln, angedeutete Stirnfurche und die Pfoten fixieren den Gegenstand.

schnell in einen erhöhten Verteidigungsmodus, sobald Sie sich ihm zögernd und in angespannter Haltung nähern, ihm nachjagen oder ihn drohend ansprechen.

Signalisieren Sie Ihm, dass Sie seine Botschaft verstanden haben, in dem Sie erst einmal innehalten, sich evtl. ein Stück zurückziehen und ihm Raum zum Ausweichen lassen. Wenn er gelernt hat wegzugehen, können Sie ihn auch anweisen, selbst eine gewissen Distanz herzustellen. Nutzen Sie Rituale wie mit der Leckerlitüte rascheln oder Aufgaben, die er gerne macht, um ihn aus seiner Anspannung zu holen und zum Verlassen der »Beute« zu bewegen. Bleibt die Situation weiterhin angespannt, hilft es nur wegzugehen, bis er sich nach einiger Zeit von selbst wieder beruhigt.

Dies hat nichts mit klein beigeben zu tun, es geht nur darum, die Lage zu entschärfen.

Damit es möglichst nicht mehr zu solch angespannten Momenten kommt, brauchen Sie ein gutes Management:

Wenn der Vierbeiner bestimmte Gegenstände verteidigt, werden diese grundsätzlich nicht mehr ins Spiel gebracht oder weggeräumt, bis durch entsprechendes Training ein gefahrloser Umgang damit gewährleistet ist.

Verwenden Sie bei Bedarf ein Türgitter, damit er keinen unkontrollierten Zugang zu Räumen hat, in denen es besonders viele Ressourcen gibt, wie Küche, Büro oder Kinderzimmer. Nutzen Sie eine Hausleine, um den Hund zu stoppen oder von etwas abzulenken, ohne ihn direkt anfassen zu müssen.

Falls er knurrt, weil er auf seinem Liegeplatz gestört wird, dann achten Sie seinen Rückzugsort. Wollen Sie sich mit ihm beschäftigen, seine Decke neu aufschütteln oder herumliegende Gegenstände aufräumen, dann rufen Sie ihn von dort weg zu sich.

Geeignete Trainings-Maßnahmen:
Ein wichtiger, aber auch schwieriger Punkt ist es, die Emotionen zu verändern und Anspannung, Frust, Stress oder Unsicherheit erst gar nicht entstehen zu lassen. Es gibt dazu verschiedene Trainingsansätze, abhängig von der Situation, in der das Problem auftritt. Bei ausgeprägter Verteidigung empfiehlt es sich, das geeignete Vorgehen zusammen mit einem Trainer auszuwählen und die ersten Trainingsschritte unter Anleitung zu üben. Beginnen Sie immer in einer ruhigen Umgebung und mit Gegenständen, die dem Hund nicht so wichtig sind, damit die Übung gelingt und Sie beide entspannt bleiben.

Tauschen: Für einen angespannten Vierbeiner macht es einen Unterschied, ob Sie ihm einfach etwas wegnehmen oder er es Ihnen freiwillig gibt. Hergeben muss sich lohnen, tauschen Sie beispielsweise gegen ein besonderes Leckerchen. Für manche Hunde muss es nicht ausschließlich Futter sein, Ihr Lob, Ihre Begeisterung sind oft genauso viel wert.

»Aus«, d.h. der Hund lässt die Ressource auf Anweisung fallen: Was sich so einfach anhört, muss in der Regel sehr kleinschrittig geübt werden.

(An)Zeigen ist sehr nützlich, gerade wenn der Hund unterwegs etwas gefunden hat. Wenn er seinen Fund vorzeigen darf, dafür gelobt wird und Sie dann entscheiden, ob er es haben kann oder nicht, ist das viel entspannter als ein Streiten um die Beute.

Ihre Annäherung bedeutet etwas Gutes: Es ist wichtig, dass Sie gefahrlos nachschauen können, was Ihr Hund gerade frisst oder im Fang hat. Deshalb lernt er, dass Ihr Hinzukommen normal ist, ihm dabei nichts passiert oder es sich sogar für ihn lohnt, weil er dann z.B. ein Leckerchen dazu bekommt.

Auch das Ritual **»Aufräumen«** kann hilfreich sein. Der Hund lernt, dass Sie auf dieses Signal hin, ganz selbstverständlich Dinge aufheben und wegnehmen.

VON HUND ZU HUND

Hunde sind sehr soziale Tiere und für ein Leben in Gemeinschaft gut ausgerüstet. Sie können sehr differenziert kommunizieren, ihr Verhalten auf die Signale des anderen abstimmen und besitzen bestimmten Verhaltensregeln für den Umgang miteinander. Daher könnte man denken, dass sie sich über jeden Kontakt mit Artgenossen freuen und sich mit jedem gut verständigen können. Treffen sie doch jemand aus ihrem Kulturkreis, der die gleichen Bedürfnisse und Interessen hat, dieselbe Sprache spricht und dieselben Grundlagen des Sozialverhaltens besitzt. Ganz so idyllisch ist es jedoch nicht, denn Hund ist nicht gleich Hund, sie unterscheiden sich in ihrem Verhalten, ihrer Art sich auszudrücken, haben unterschiedliche Vorlieben und Abneigungen. Genau wie wir Menschen. Oder freuen Sie sich uneingeschränkt über das Zusammenzutreffen mit jeder Person und können sich mit ihr gut unterhalten, nur weil sie ein Mensch ist?

Für viele Hunde ist der Umgang mit Artgenossen eine Bereicherung. Es kommt jedoch nicht auf die Zeitdauer oder die Anzahl der Kontakte an, sondern auf die Qualität des Zusammentreffens und die Bedürfnisse des Einzelnen. Nicht jede Begegnung muss zu einem »Guten Tag sagen«, einem ausführlichen Beschnuppern oder weiteren Interaktionen führen.

Einige Hunde sind sehr aufgeschlossen und vertragen sich mit fast jedem Artgenossen, ob sie dann jeden Kontakt auch wirklich genießen oder ihn brauchen, mag dahingestellt sein. Andere kommen zwar gut mit ihresgleichen aus, legen aber offensichtlich keinen so großen Wert auf ein Zusammensein mit ihnen. Sie ziehen ihren Menschen als Sozialpartner vor und bleiben bei diesem, obwohl sie Hundekontakte haben könnten. Dies darf nicht verwechselt werden mit dem ängstlichen Hund, der dicht bei seinem Menschen bleibt, weil er Angst vor anderen hat.

Manche möchten gerne Kontakt zu Artgenossen, tun sich aber im Umgang mit ihnen recht schwer. Sie reagieren nicht angemessen auf deren Signale, weil sie diese entweder übersehen oder nicht verstehen, können sich selbst nicht passend ausdrücken und sind insgesamt schnell überfordert. Beruht dies auf mangelnder Lernerfahrung, kann der Hund oftmals behutsam an ausgewählte Hunde gewöhnt werden und durch den Umgang mit ihnen seine Defizite in diesem Bereich verringern. Freuen Sie sich dann über wenige, aber gute Kontakte. Zufallsbekanntschaften sind für ihn wahrscheinlich weiterhin mehr Stress als Hilfe.

Und dann gibt es Vierbeiner, die andere Hunde völlig überflüssig finden und dies auch deutlich kundtun. Das können wunderbare Menschenhunde mit hervorragenden Fähigkeiten sein, mit Artgenossen aber können sie einfach nichts anfangen. Vielleicht gibt es noch den einen oder anderen ausgewählten Kollegen, mit dem der einzelne zurechtkommt, ansonst muss man es auch akzeptieren, wenn er keinen Kontakt möchte.

Treffen sich zwei oder drei ...

Ein solches Zusammentreffen reicht vom neutralen aneinander vorbeigehen über freundliche Kontaktaufnahme, ausgelassenes Spiel, sexuelles Interesse bis hin zu mehr oder weniger ernsthaften Auseinandersetzungen und kann für uns Menschen auch mal recht überraschend verlaufen.

Viele Begegnungen werden durch hündische Kommunikation gut gelöst. Schwierig wird es, wenn ein Vierbeiner die Feinheiten der Kommunikation nicht so gut beherrscht. So gibt es Hunde, die völlig unbedarft und sorglos auf andere zugehen, ja regelrecht auf sie zustürmen. Solange der so Begrüßte das toleriert, mag nicht viel passieren. Viele jedoch schätzen eine solche Annäherung nicht und teilen dies auch mehr oder weniger deutlich mit. Kommt die Rüge beim anderen an und hält sich dieser daraufhin zurück, ist meist alles in Ordnung, wenn nicht kann es auch mal ruppiger werden.

Konflikte entstehen auch, wenn ein unsicherer Hund von einem anderen penetrant angespielt oder gejagt wird, eine Hündin sich nicht mehr gegen den aufdringlichen Rüden wehren kann, mehrere Hunde einen Artgenossen mobben oder wenn ein Hund mit körperlichen Einschränkungen sich nicht mehr so passend bewegen oder ausdrücken kann, wie es notwendig wäre.

Wie sich eine Begegnung entwickelt, hängt von verschiedenen Faktoren ab:

- Können sich die Vierbeiner frei bewegen und selbst über Wegführung und Annäherungstempo entscheiden oder schränken Leine und menschliche Anweisungen ihren Handlungsspielraum ein?
- Wo findet die Begegnung statt, ist der Hund in fremder Umgebung oder seinem eigenen Gebiet unterwegs? Hat er beim Spiel oder bei einer Auseinandersetzung genügend Raum, um auszuweichen oder den von Artgenossen geforderten Abstand einzuhalten?
- Treffen sich bekannte Tiere, sind es zwei oder gleich mehrere? Trifft ein Vierbeiner auf eine Hundegruppe?
- Und, nicht zuletzt, wie gut gelingt die Verständigung der Vierbeiner untereinander?

Angeleint oder Freilauf – unterschiedlicher Handlungsspielraum

Während der Annäherung klären die Tiere, mit wem sie es zu tun haben. Ist es ein erwachsener, ein bekannter, ein fremder Artgenosse, Rüde oder Hündin, welche Signale sendet er und wie muss darauf geantwortet werden?

Im Freilauf kann und muss der Hund selbst über Annäherungstempo und Wegführung entscheiden und hat gute Voraussetzungen, um punktgenau auf die Signale des Gegenübers zu reagieren und sein Verhalten immer wieder neu anzupassen. Meist nehmen die Hunde nicht sofort direkten Körperkontakt zueinander auf, vor allem wenn sie sich fremd sind. Sie nähern sich langsam oder werden nach einigen schnellen Schritten etwas langsamer, gehen im Bogen aufeinander zu bzw. aneinander vorbei Das ist zum einen eine Höflichkeitsgeste und gibt ihnen zudem Zeit, den anderen noch besser einzuschätzen.

Ein angeleinter Vierbeiner ist darauf angewiesen, dass sein Mensch die Hunde-Kommunikation mitbekommt und mit ihm im Einklang handelt. Beispiel: Ihr Hund möchte ausweichen, weil ihm der Entgegenkommende signalisiert: halte Abstand oder weil er selbst eine gewisse Wohlfühldistanz benötigt. Wenn Sie nun die Ausweichenbewegung nicht unterstützen, weil sie diese nicht bemerken oder als Ungehorsam interpretieren, bleibt ihm nichts anderes übrig als durch andere Signale etwas mehr Distanz zu erreichen. Vielleicht bellt er, springt in die Leine oder droht dem Gegenüber, dass dieser seinerseits zurückweichen möge. Und je öfters er ein solchen Verhalten zeigt und sich dadurch die »Bedrohung« vom Leib hält, umso mehr wird es für ihn zu einer Bewältigungsstrategie, auf die er immer wieder zurückgreift.

Eine direkte Kontaktaufnahme erfolgt am besten ohne Leine und in einem dafür geeigneten Umfeld. Das ermöglicht den Hunden, sich so zu verhalten, wie es ihnen angemessen erscheint oder der Artgenosse einfordert.

Bei Interaktionen an der Leine wird es auch für freundliche und kontaktbereite Vierbeiner schwer, immer passend zu reagieren – Probleme sind vorprogrammiert. Gerade beim ersten

Viele Begegnungen werden durch die »hündische« Kommunikation gut gelöst, oft ohne, dass es uns bewusst wird. So auch bei diesem engen Aneinander-Vorbeigehen: Die Hündin links züngelt leicht und zeigt Blickabwenden nur durch die Augenbewegung – der rechte Vierbeiner wendet sich seinem Menschen zu und orientiert sich an ihm.

Diese beiden sagen sich nicht freundlich Hallo, auch wenn der Labrador offensichtlich Kontakt möchte. Der Australian Sheperd signalisiert ihm deutlich, dass er diese stürmische Annäherung nicht schätzt. Der erfahrene und gelassene Rüde nutzt dazu die beschwichtigende Geste des ruhigen Stehenbleibens in Kombination mit direktem Blickkontakt.
Wie sich die Begegnung weiterentwickelt, bleibt bei dieser Momentaufnahme offen. Der Labrador könnte innehalten bzw. den Abstand vergrößern, dann würde es der Artgenosse wahrscheinlich dabei belassen. Verändert der Labrador sein Verhalten nicht, könnte der andere auch deutlich werden und Drohsignale zeigen.

Zusammentreffen wird abgecheckt, wie der andere gestimmt ist. Die Hunde umkreisen sich, beriechen einander oder es wird vielleicht kurz imponiert. Die Möglichkeit jederzeit ausweichen zu können oder stillzustehen ist entscheidend für den weiteren Verlauf, lässt sich aber durch den begrenzten Leinenradius nur schwer verwirklichen. Besonders kritisch wird es, wenn sich die Leinen um Hunde und Menschenbeine wickeln.

Das gleiche gilt für das Spielen an der Leine, auch hier ist mitunter die Einhaltung einer gewissen Distanz oder ein abstoppen nötig. Beispielsweise wenn sich ein Hund zu stürmisch, zu grob verhalten hat und der Artgenosse ihm dies mitteilt, in dem er kurz droht, das Spiel abbricht und zu mehr Distanz auffordert. Wenn es nun für beide keine Möglichkeit gibt den erforderlichen Abstand herzustellen, kann aus einem »harmlosen Spiel« schnell eine Auseinandersetzung werden.

Das bedeutet natürlich nicht, dass Sie in Zukunft möglichst leinenlos unterwegs sein sollten. Wichtig ist aber, zu wissen wie sich die Einschränkungen durch die Leine auf Ihren Hund auswirken kann.

Annäherung und Zusammentreffen beobachten

Viele Details der kleinen Unterhaltung zwischen den Hunden oder die Momente des Einschätzens sind schwer zu erkennen. Vielleicht ist uns auch nicht bewusst, dass der Vierbeiner neben uns gerade in diesen Situationen so viele Mitteilungen sendet und empfängt. Ich will Sie keinesfalls zu übervorsichtigem Beobachten anhalten, aber dennoch Ihren Blick auch auf die teilweise unspektakulär erscheinenden Begegnungs-Signale lenken.

Manchmal entpuppt sich dann das freundliche Hallo-Sagen als kurze Zurechtweisung oder ein langsamer werden und ausweichen als beschwichtigende Geste.

Oft meinen Hundehalter, ihr Hund hätte den anderen noch nicht gesehen oder würde ihn nicht beachten. In den meisten Fällen hat er ihn gesehen, reagiert aber so »normal« und meistert beispielsweise ein aneinander Vorbeigehen durch minimale distanzvergrößernde Bewegungen sowie kleine Beschwichtigungsgesten.

Manchmal bemerkt man, dass sich der Vierbeiner danach kurz schüttelt, über die Nase leckt, einen kleinen Hopser macht oder etwas schneller geht. Diese kleinen Stress- oder Übersprungsgesten sind nicht besorgniserregend, machen aber deutlich, dass auch eine einfache Begegnung anstrengend sein kann und den Hund beschäftigt.

Wenn sich Hunde einander nähern, geben Blickrichtung, Körperhaltung, Wegführung und Tempo einen Anhaltspunkt auf ihre Gestimmtheit.

Beobachten Sie	Entspannte Annäherung	Angespannte Annäherung	Zeichen von Unwohlsein, »Jetzt wird's zu viel!«
Blick: Wohin geht er, wie lange wird Blickkontakt gehalten?	Kurze Blickkontakte, die immer wieder unterbrochen werden	Direkter, ausdauernder Blickkontakt bis hin zum Fixieren, je länger und intensiver geschaut wird, umso angespannter ist der Vierbeiner	Unruhiger Blick, blinzeln, Blick abwenden, Blick zum Hundehalter
Körperhaltung, Bewegung, Muskelspannung	Lockere, entspannte Bewegungen	Körper angespannt, steife Bewegungen, Rute erhoben evtl. mit leichten Pendelbewegungen an der Rutenspitze	hektische, unruhige Bewegungen, Bellen
Wegführung und Tempo: Was beobachten Sie beim freilaufenden Vierbeiner, was nehmen Sie wahr, wenn er angeleint ist?	Seitlich versetzt aufeinander zugehen oder im kleinen Bogen aneinander vorbei, evtl. kurz stehen bleiben Normales Tempo, langsamer werden oder am Boden schnüffeln bei entspannter Körperhaltung	Frontal auf den anderen zugehen. Je direkter die Ausrichtung ist, umso angespannter kann das Zusammentreffen verlaufen Langsamer werden, Erstarren oder schnelles Auf-den-anderen-Zulaufen, verbunden mit angespannter Haltung	Ausweichbewegung, Weglaufen, an der Leine wegziehen, sich klein machen, den anderen mit kurzem Nach-vorne-Schnappen von sich fernhalten, am Halter hochspringen

Manche Hunde reagieren sehr angespannt oder explosiv, wenn sie angeleint einem Artgenossen begegnen. Die Ursachen dafür sind vielfältig: Unsicherheit, Unwohlsein, geringe Frustrationstoleranz, Aufregung, territoriale Ansprüche, noch nicht richtig erlernt, mangelnde oder schlechte Erfahrungen. Deshalb benötigt auch jeder Hund ein auf ihn abgestimmtes Vorgehen. Für alle aber gilt: Je frühzeitiger die Emotionen des Hundes bemerkt werden, umso rechtzeitiger kann die nötige Hilfestellung erfolgen.

Als Halter eines angespannten, explosiven Hundes ist man oft so fokussiert auf das Nach-vorne-Preschen seines Tieres, mit all den lauten und deutlich sichtbaren Signalen, dass die kleinen Anzeichen, die dem vorangehen oft übersehen werden. Das In-die-Leine-Springen passiert in der Regel jedoch nicht so plötzlich, wie es einem dann immer vorkommt.

Vom Wahrnehmen zum Losstarten – welche Signale erkennen Sie bei Ihrem Hund?

Wahrnehmen – der Hund bemerkt den Artgenossen, gerät aber noch nicht in Aufregung:

- Hund wird langsamer, wechselt die Richtung, schnüffelt, bleibt stehen,
- ab und an Blickkontakt zum Artgenossen, wendet sich danach wieder anderen Dingen zu,
- sucht Kontakt zum Menschen, greift auf Erlerntes zurück, geht z.B. Bei Fuß, schaut Sie an oder setzt sich hin.

Unterstützung: Hund nicht in Richtung Artgenossen drängen, Raum zum Ausweichen lassen, sein Nachfragen beantworten und ihm mitteilen, was jetzt zu tun ist, ihn für sein Ruhigbleiben bestätigen.

Aufregung nimmt zu – weil sich der Abstand verringert, der Artgenossen ebenfalls reagiert oder weitere belastende Faktoren hinzukommen:

- häufiger Blickkontakt zum Artgenossen, Ohren aufgerichtet, kleine Stirnfalte
- angespannte Körperhaltung und Bewegungen, Hund richtet sich auf (wirkt höher in der Schulter) geht schneller – oft mit kurzen, steifen Schritten oder bleibt stehen, schleicht
- Rute erhoben, pendelt evtl. leicht
- Rücken-/Nackenhaare können aufgestellt sein
- in die Luft oder in Richtung des Artgenossen schnüffeln
- Zittern: Oft an den Beinen, bei manchen Hunden deutet nur ein leichtes Lefzenzittern auf ihre Erregung hin
- Je nach Grad der Aufregung kann sich der Hund zwischendurch immer wieder abwenden und entspannter bewegen
- Mehr oder weniger intensive Kontaktaufnahme zum Menschen, nachfragen

Unterstützung: Konkrete Anleitung (ausweichen, erlernte Alternativhandlung o.ä,) spätestens dann, wenn der Hund den anderen immer länger bzw. häufiger anschaut, seine Bewegungen angespannter oder hektischer werden.

Kurz vor dem Losstarten – der Hund ist fixiert auf das Zusammentreffen und wirkt dadurch nach außen hin relativ ruhig

- Angespannte Körperhaltung, ausgerichtet auf den Artgenossen, Blickfixieren
- Fang eher geschlossen, aufhören mit Hecheln
- Vor den Losstarten oft minimales Innehalten, langsamer werden, anhalten
- Fast unmerkliche Gewichtsverlagerung, zunächst auf die Vorhand (fixiert auf Gegenüber), Sekundenbruchteile vor dem Losstarten dann auf die Hinterhand.

Die Kamera fängt ein, was in Alltagsmomenten als »unerwartet« bezeichnet wird: Der helle Hund nimmt den herannahenden Artgenossen wahr, seine Aufregung steigt, der Artgenosse scheint dies zu bemerken, er weicht aus und schnüffelt …

…. dann entwickelt sich eine Dynamik, auf die man nicht gefasst war. Die Anspannung des hellen Vierbeiners nimmt zu, er ist kurz vor dem Losstarten …

… und springt dann »plötzlich« in die Leine.

Die Hunde umkreisen sich und versuchen so ausführlich wie möglich den anderen an Gesicht und Hinterteil zu beriechen.

Unterstützung: Zügig, aber ruhig aus der Situation gehen oder auf das Alternativverhalten zurückgreifen, das am besten gelernt und in dieser Situation machbar ist

Gegenseitiges Beschnuppern

Hunde riechen teilweise sehr intensiv aneinander, um möglichst viele Informationen voneinander zu bekommen. Junge Hunde beriechen vorwiegend den Kopfbereich, insbesondere die Schnauzenregion des Artgenossen, erwachsene Tiere beschnuppern sich im Kopfbereich, der Analregion und teilweise auch in der Leistengegend.

Durch das ausführliche Beriechen der Anal- und Genitalregion erschnuppert der Hund die von den Drüsen freigesetzten Sekrete und erhält so Informationen über das Geschlecht und den sexuellen Status seines Gegenübers.

Zusätzlich geben Körpersprache und Verhalten während der Geruchskontrolle weitere Hinweise zur Persönlichkeit des Artgenossen. Ein unsicherer Vierbeiner versucht das Analwittern durch einen Artgenossen eher zu vermeiden. Er weicht aus, klemmt die Rute ein und verringert dadurch, dass sich seine persönlichen Duftstoffe stark ausbreiten.

Ein souveräner und sozial sicherer Hund trägt die Rute hoch, evtl. wedelt er dabei, um seinen Geruch bewusst zu verbreiten. Je nach Persönlichkeit lässt er den Artgenossen an sich riechen, drängt sich ihm teilweise sogar regelrecht auf. Häufig aber lässt sich ein solcher Vierbeiner nur kurz aus der Nähe beriechen, während er selbst den anderen sehr ausführlich kontrolliert.

Aufreiten, rammeln

Wenn Hunde miteinander interagieren, kommt es vor, dass einer am anderen aufreitet. Dabei nähert sich der Hund einem Artgenossen von hinten, springt hoch, umklammert ihn mit den Vorderbeinen und schiebt sein Becken von hinten nach vorne, er rammelt. Manche Vierbeiner reiten auch seitlich auf oder von vorne.

Ein solches Verhalten zeigen vorwiegend Rüden, unabhängig davon, ob sie intakt oder kastriert sind, aber auch Hündinnen rammeln, häufig verstärkt im Zusammenhang mit der Läufigkeit. Hunde reiten nicht nur bei Artgenossen auf, sondern auch bei Menschen oder Gegenständen wie einem größeren Spielzeug oder der Liegedecke.

Aufreiten geschieht aus unterschiedlichen Gründen: Es dient der Fortpflanzung. Befindet sich die Hündin in der Standhitze, wird sie das Aufreiten des Rüden vielleicht dulden, ansonsten ihn eher abwehren. Allerdings ist nicht jede Hündin in der Lage, sich gegen einen aufdringlich klammernden Rüden zur Wehr zu setzen. Schreiten Sie immer ein, wenn das Aufreiten nicht gewünscht ist! Der Rüde muss sich nicht noch weiter in seiner Erregung hineinsteigern und die Hündin muss nicht die Erfahrung machen, dass sie hilflos ist oder sich nur mit aggressivem Verhalten diese Belästigung vom Leibe halten kann.

In den meisten Fällen jedoch hat Aufreiten weder mit echtem Sexualverhalten noch mit der oft unterstellten Dominanz zu tun. Bei jungen Hunden ist es oftmals einfach ein Ausprobieren von Verhaltensweisen. So wird im Spiel auch das Sexualverhalten geübt und da ist es völlig normal, dass mal der eine und mal der andere aufreitet.

Sehr häufig handelt es sich um eine Übersprungshandlung oder dient dem Stressabbau. Der Hund ist aufgeregt, mit der Situation überfordert oder durch einen Konflikt gestresst. Bei manchen Vierbeinern entwickelt sich daraus ein ständig wiederkehrendes Verhalten: sie kommen von einem aufregenden Spaziergang nach Hause, sind daheim durch irgendwelche Vorkommnisse gestresst, gehen zu ihrer Decke und beginnen zu rammeln.

Aufreiten ist immer auch eine Möglichkeit, den anderen in seiner Bewegungsfreiheit einzuschränken. Das kann sehr gezielt geschehen oder wenn sich ein überforderter Hund nicht anders zu helfen weiß.

Für die Betroffenen, egal ob Hund oder Mensch, ist es unangenehm, berammelt zu werden. Manche Artgenossen reagieren darauf mit heftiger Gegenwehr. Unterbinden Sie es möglichst im Ansatz, lenken Sie Ihren Hund ab oder zeigen Sie ihm eine Alternative Es ist meist auch nicht sinnvoll, dass der Vierbeiner dieses Verhalten als Bewältigungsstrategie abspeichert.

Desinteresse

Manchmal geraten Hunde in Situationen, aus denen sie sich raushalten möchten. Das beutet nicht, dass sich der Vierbeiner unwohl fühlt, ängstigt oder bedrängt wird. Er hat in diesem Moment, aus welchem Grund auch immer, kein Interesse am Kontakt mit einem bestimmten Artgenossen, möchte nicht mitspielen, sich nicht an

Dem schon etwas älteren Vierbeiner sind die Begrüßungsgesten und Spielaufforderungen der jungen Hündin zu viel – er möchte jetzt nicht mitspielen. Er zeigt eine ganze Reihe von Signalen, die sein Desinteresse bekunden, aber auch seine leichte Verunsicherung und Anspannung: Wegschauen, Augen zukneifen, Fellsträuben.

Die Ruhe und Abgeklärtheit dieses souveränen Rüden ist beeindruckend. Sein Blick, seine Ausstrahlung genügen, um Artgenossen und auch Menschen zu signalisieren: Ich mache gerade nicht mit!

der allgemeinen Aufregung oder einer beginnenden Auseinandersetzung beteiligen.

Es ist spannend zu beobachten, wie unterschiedlich die Hunde in solchen Momenten agieren. Manche verhalten sich möglichst unauffällig und neutral, weichen aus, wenn Artgenossen zu nahekommen oder bewegen sich langsam von ihnen weg. Dabei zeigen sie auch beschwichtigende Gesten wie am Boden schnüffeln oder sie lecken sich kurz über die Nase.

Andere zeigen ihr Desinteresse, in dem sie ganz entspannt ihren Interessen nachgehen und den Abstand einhalten, der ihnen angemessen erscheint. Nähern sich Artgenossen, gehen sie einfach weg, ohne dabei ängstlich zu sein oder zu drohen.

Und dann gibt es die weisen, abgeklärten Hundepersönlichkeiten, die sehr überzeugend, aber keinesfalls aggressiv kundtun, dass sie nicht mitmachen wollen. Sie lassen sich auf keine Interaktion ein, in keine Auseinandersetzung verwickeln, wenn sie es nicht wollen. Oft bleiben sie an Ort und Stelle, schauen den Artgenossen ruhig an oder cool über ihn hinweg und lassen seine Aktionen einfach an sich abprallen. Falls sich dennoch ein Artgenosse nähert, wenden sie sich so souverän ab, dass weitere Diskussionen unnötig sind. Dieses Verhalten erfordert viel Souveränität und Gelassenheit und es ist beeindruckend einen solchen Hund zu beobachten.

Die klären das schon untereinander

Hundeverhalten ist darauf ausgerichtet, Konflikte mit Artgenossen zu bewältigen und auch zu klären. Aber – dieses Verhalten entwickelte sich, um das Zusammenleben in der eigenen Gruppe zu regeln. Gruppe bedeutet das Zusammenleben in einem Haushalt oder so regelmäßige Kontakte, dass sich eine stabile soziale Beziehung zueinander entwickeln kann.

Wenn in der eigenen Gruppe ein Konflikt geklärt ist, wird darüber hinaus durch fortlaufende kleine Gesten dafür gesorgt, dass die Lage weiterhin geregelt und stabil bleibt. So fordert beispielsweise Vierbeiner eins, dass Vierbeiner zwei erst einmal eine gewissen Distanz zu ihm einhält oder ihm den Vortritt lässt bei der Wahl des Liegeplatzes. Und Vierbeiner zwei signalisiert durch sein Verhalten, dass er diese Ansprüche und Vorgaben akzeptiert und einhält.

Bei Begegnungen, die zufällig oder nur ab und an stattfinden ist es nur möglich, eine aktuelle Situation zu bereinigen. Die täglichen Feinheiten, die es braucht, um den erreichten Zustand zu stabilisieren, sind nicht machbar. Die Vierbeiner können eine Sache deshalb nicht zufriedenstellend klären und so kann es bei einem erneuten Zusammentreffen wieder den gleichen Konflikt geben.

Grundsätzlich müssen Hunde keinesfalls alles alleine klären, weder in der Gruppe und erst recht nicht mit fremden Artgenossen. Haben Sie ein Auge auf die Aktionen der Vierbeiner, damit Sie beim Hunde-Treffen rechtzeitig eingreifen oder die Situation innerhalb der vertrauten Gruppe durch Ihre Vorgaben regeln. Wenn Sie sich kompetent darum kümmern, erkennt Ihr Hund, dass Sie bemerken, was unter den Vierbeinern gerade »gesprochen« wird und wissen, wie jetzt am besten gehandelt werden muss.

Wenn er alles alleine klären soll, dürfen Sie ihm nicht übelnehmen, wenn er in stressigen Momenten nicht bei Ihnen um Rat fragt oder sich auf Ihre Anweisungen verlässt.

Besonderheit Welpe und erwachsener Hund: Der vielzitierte Welpenschutz, der besagt, dass ein erwachsener Vierbeiner niemals grob zu einem Welpen oder jungen Artgenossen sein darf, existiert nicht.

Es gibt eine gewisse Toleranz gegenüber dem eigenen Nachwuchs innerhalb der eigenen Gruppe. Das bedeutet, dass die Welpen vergleichsweise mehr Freiheiten haben als erwachsene Tiere, die Kleinen lernen ja noch. Sie schätzen beispielsweise die Drohgesten der Älteren nicht sogleich richtig ein, erst deren Reaktionen bei Nichtbeachten dieser Gesten zeigt ihnen, was diese bedeuten und wie sie darauf reagieren sollte. Durch den Kontakt mit den Erwachsenen schulen sie ihr Sprachvermögen und lernen die Regeln. Jedoch hat nicht jedes ältere Tier gleich viel Toleranz, Interesse und Geduld im Umgang mit dem Nachwuchs.

Wenn ein Welpe neu zu einem bereits im Haushalt lebenden Artgenossen kommt oder unterwegs auf andere Hunde trifft, fehlt diese Toleranz erst einmal. Die Tiere sind sich fremd und der erwachsene Vierbeiner ist keinesfalls verpflichtet, geduldig zu sein, den Kleinen zu mögen oder nur sanft zu korrigieren. Er zeigt auch kein abnormes Verhalten, wenn er dem Kontakt mit einem Welpen nichts abgewinnen kann. Welpen

Hunde brauchen Zeit und vor allem Gelegenheit, um die Feinheiten von Sprache und Verhalten zu verstehen und selbst anzuwenden. Sie machen nach und nach die Erfahrung, dass sich Artgenossen unterschiedlich ausdrücken und lernen ihr eigenes Verhalten auf die Signale des anderen abzustimmen.

und Junghunde überschreiten oft noch aus Unwissenheit oder aufgrund ihres stürmischen, aufdringlichen Verhaltens die Grenzen des Erlaubten. Gerade zurückhaltende, ältere oder nicht so duldsame erwachsene Hunde reagieren darauf mit Kontaktabbruch oder auch einer deutlichen Zurechtweisung.

Allerdings verhalten sich viele erwachsene Tiere fremden Welpen oder Junghunden gegenüber neutral bis freundlich oder gehen ihnen aus dem Weg, wenn sie die Möglichkeit dazu haben. Das kann dazu beitragen, die Mär vom Welpenschutz weiterhin aufrecht zu halten.

Hundebesuche

Heutzutage wird von vielen Hunden erhofft, ja erwartet, dass sie mit dem Besuch eines Artgenossen oder ihrer Rolle als Besuchshund zurechtkommen. Häufig gelingt dies auch, sofern die Menschen die Signale und Bedürfnisse ihrer Hunde im Auge haben und bei Bedarf die Regeln vorgeben.

Ein Besuch im Zuhause eines Artgenossen ist immer aufregend, selbst wenn sich die Tiere gut kennen. Der Besucherhund kommt in eine ihm vielleicht fremde Umgebung, die intensiv nach dem Haushund riecht und weiß noch nicht, ob er willkommen ist. Der Haushund sieht sich mit einem Besucher konfrontiert, der sein Heim betritt, durch seine Räume wandert, sein Spielzeug, seine Liegedecke, seine Menschen beschnuppert, aus seinem Wassernapf trinkt. Vielleicht ist er nur irritiert oder unsicher, wie er mit der Situation umgehen soll, evtl. sieht er seine Ressourcen bedroht und wacht über jede Bewegung des Besuchers.

Viele Vierbeiner verhalten sich in einer Besuchssituation anders als beim Zusammentreffen unterwegs. Vielleicht bemerken Sie bereits beim Eintreten, die ersten Unterschiede. Der Besucherhund zögert etwas, bewegt sich langsam oder zeigt kleine beschwichtigende Gesten, obwohl er sonst recht forsch unterwegs ist. Aus menschlicher Sicht gibt es dazu keinerlei Anlass, denn die Begrüßung der Menschen ist sehr freundlich und der Haushund steht einige Meter weg vom Eingang oder liegt wohlerzogen auf seiner Decke liegt und schaut den Besuchern nur entgegen. Aus Hundesicht ist das Verhalten völlig normal: mit seiner Zurückhaltung respektiert der Besucherhund das Gebiet des Artgenossen und betritt es höflich.

Im weiteren Besuchsverlauf hält der besuchende Vierbeiner unter Umständen einigen Abstand zu Futternapf, Spielzeug oder dem Liegeplatz des Haushundes, lässt sich von den Gastgebern gerne streicheln, weicht aber sofort aus, wenn der Haushund dazu kommt. Auch hier respektiert er die Ansprüche des Artgenossen.

Lassen Sie dem Besucherhund seine Höflichkeit und geben Sie ihm die Möglichkeit zum Rückzug. Fordern Sie den Haushund nicht dazu auf, gastfreundlich zu sein und dem andern freien Zugang zu allem zu gewähren. Solange die Vierbeiner mit ihrer selbstgewählten Regelung zurechtkommen, können Sie es dabei belassen und einfach ein Auge darauf haben, wie es sich entwickelt. Eingreifen müssen Sie, wenn

- einer oder beide Tiere immer öfter Stress-Signale zeigen, sich angespannt bewegen, nicht mehr zur Ruhe kommen
- der Haushund den anderen ständig maßregelt, d.h. mit Blicken verfolgt, ihm hinterher geht, ihn abdrängt oder sich ihm in den Weg stellt

- der Besucherhund sich kaum mehr zu bewegen traut, fast nur noch beschwichtigt oder aufgeregt umherläuft.

Vielleicht begrüßen sich die Vierbeiner auch gleich sehr stürmisch, es wird gerannt, getobt, gespielt. Die Menschen sehen das meist als Beweis dafür, dass sich die Tiere über das Zusammentreffen freuen und gut verstehen. Sicher geht es unter befreundeten Tieren auch mal sehr lebhaft zu, meist aber reduziert sich das nach der ersten Begrüßung wieder etwas und die Hunde bewegen sich ruhiger oder legen sich nach einer Zeit hin.

Finden die Hunde kein Ende und spielen/agieren immer weiter miteinander, liegt das nicht nur an ihrer Wiedersehensfreude, sondern oft daran, dass sie mit dem Zusammentreffen in dieser Umgebung einfach überfordert sind. Sie können ihre Verhaltensmuster von unterwegs nicht aufs Wohnzimmer übertragen, weil beispielsweise der Raum zum Rennen oder Abstandhalten fehlt. Und selbst, wenn sie sich aneinander freuen, kann sich ein Spiel auf engem Raum schnell hochschaukeln. Unterbrechen Sie das Geschehen spätesten dann, wenn sich das Spieltempo mehr und mehr steigert, es kaum noch Spielpausen gibt, die Hunde immer angespannter und hektischer werden oder sich zunehmend beschwichtigende Gesten und Stress-Signale ins Spielverhalten mischen.

Gute Voraussetzungen für einen gelungenen Besuch: Die Vierbeiner treffen auf neutralem Gebiet zusammen, können sich miteinander vertraut machen und die erste Aufregung verarbeiten. Damit vermeiden Sie ein Begrüßungschaos auf engem Raum, direkt an der Eingangstür.

Räumen Sie Ressourcen beiseite, die einer der Hunde verteidigen könnte, wie Spielzeug, Kauartikel oder Futternapf, bis Sie einschätzen können, ob beide Hunde mit der Situation gut klarkommen.

Im Idealfall bringt der Besucherhund seine Decke mit und ist damit vertraut, dort zu bleiben. Wenn jeder Hund auf seinen eigenen Platz geschickt werden kann, und dabei auf ausreichend Abstand zueinander geachtet wird, sorgt dies für mehr Ruhe und Entspannung. Wichtig ist dann, dass zunächst wirklich beide auf ihren Decken bleiben, es kann für den Haushund sehr frustrierend sein, wenn er von seinem Platz aus zuschauen muss, wie sich der Gast frei in »seinen« Räumen bewegt.

Aber – nicht jeder Hund ist glücklich mit Hundebesuch. Manche gewöhnen sich mit gutem Management einigermaßen daran und sind dann nicht allzu gestresst. Es ist ihnen aber angenehmer, wenn sie nur draußen auf Artgenossen treffen und daheim ihre Ruhe haben bzw. nicht die Rolle des Besucherhundes gezwungen werden.

Und was ist mit dem Gastgeber-Hund mit Territorialverhalten? Viele von ihnen kommen auf neutralem Gebiet durchaus mit vertrauten oder auch fremden Artgenossen zurecht und verhalten sich ihnen gegenüber freundlich bis neutral. Dieses Verhalten ändert sich meist schlagartig, sobald der Artgenossen das eigene Territorium betritt – der sich hier zuhause fühlende Vierbeiner droht und versucht den anderen fernzuhalten. Der Besuch muss dazu nicht gleich im Wohnzimmer stehen, da reicht schon der Garten, der Gehweg vor dem Haus, die Nähe zum Auto oder zu seiner Bezugsperson.

Bezeichnend für dieses territoriale Droh-Verhalten: freundliche Annäherungsversuche und beschwichtigende Gesten des besuchenden Hundes stimmen den drohenden Vierbeiner nicht milder und selbst Unterwerfungsgesten des Gegenübers führen häufig nicht zu einer Beendigung des Drohverhaltens. Es geht dem Vierbeiner in diesen Situationen nicht um die Klärung einer Beziehung, sondern ausschließlich darum, dass der Eindringling das Territorium verlässt. Das Drohen wird daher oft so lange beibehalten, bis der Eindringling sich weit genug entfernt hat.

Aktive und passive Demut – was bedeutet das?

Demut hat oftmals einen negativen Beigeschmack oder wird falsch verstanden. So wird aktive Demut immer wieder als einschleimen oder entschuldigen angesehen oder passive Demut als Angst interpretiert. Für Hunde ist es ein wichtiger Bestandteil des Sozialverhaltens, um ein friedliches Miteinander zu gewährleisten und es zeugt von sozialer Kompetenz, wenn ein Hund diese Gesten angemessen anwenden kann.

Aktive Demut – der Wunsch nach Sozialkontakt und freundliche Begrüßung

Ein Hund, der sich mit Signalen der aktiven Demut einem Artgenossen oder Menschen nähert, möchte freundlichen Kontakt aufnehmen. Das kann höflich und vorsichtig geschehen, aber auch so stürmisch ausfallen, dass der Begrüßte regelrecht überrannt wird.

Welpen und junge Hunde begrüßen sowohl Artgenossen als auch Menschen in der Regel mit mehr oder weniger ausgeprägten aktiven Demutsgesten. Erwachsene Vierbeiner gehen Artgenossen gegenüber meist etwas sparsamer mit diesen Gesten um und zeigen sie nur noch ansatzweise. Viele begrüßen aber ihre Menschen weiterhin mit den Signalen der aktiven Demut, um ihre freundlichen Absichten zu signalisieren.

Signale der aktiven Demut wirken insgesamt weich, entspannt und enthalten viele Gesten, die Welpen gegenüber der Mutterhündin oder junge Hunde gegenüber den Erwachsenen der Gruppe zeigen

- Aktive Annäherung an Artgenossen oder Menschen, sich an ihn drücken, anstupsen oder ihn mit kleinen Hopsern oder Trippelschritten verfolgen
- Pföteln, sich auf den Rücken rollen, still stehen bleiben, damit der anderen Gelegenheit zum Beriechen oder Anfassen hat
- Weiche Bewegungen, Körper im Stehen oftmals etwas eingedreht, Rücken nach oben gewölbt oder Beine eingeknickt,
- Wedeln mit eher tief gehaltener Rute, oftmals gerät dabei der ganze Hundekörper in Bewegung, teilweise auch nur schnelle Bewegungen an der Rutenspitze
- Belecken von Menschenhänden oder Gesicht, bzw. Lefzen lecken beim Artgenossen
- Nach hinten gezogenen Lippen, Ohren nach hinten an den Kopf gelegt, glatte Stirn
- weicher Blick von unten nach oben zum Begrüßen, Blinzeln
- Evtl. kurzes Über-die-eigene-Nase-Lecken, Fiepen oder Quietschen, Herankriechen oder Urinieren

Auf uns Menschen wirkt der Hund in diesen Momenten sehr niedlich, freundlich, liebebedürftig, manches Mal auch etwas zu stürmisch und aufdringlich, aber selbst dann kann man ihm

Die helle Hündin begrüßt den alten Rüden mit Gesten der aktiven Demut. Sie übertreibt nicht, signalisiert aber deutlich ihre Verbundenheit.

den Wunsch nach Annäherung kaum verwehren. Artgenossen zeigen da meist weniger Begeisterung. Erwachsene Vierbeiner lassen in der Regel das Verhalten mehr oder weniger duldsam über sich ergehen oder nehmen es huldvoll und cool entgegen. Unter Umständen nervt sie das Getue, vor allem wenn es übertrieben wird und kein Ende findet. Sie versuchen Abstand zu gewinnen, in dem sie sich abwenden, oder fordern den anderen durch eine kurze Drohgesten auf, sich zurückzuhalten.

Wenn der Hund sehr ausgeprägt und langanhaltend aktive Demutsgesten zeigt, steckt dahinter ein hohes Bedürfnis, sich so freundlich und harmlos zu präsentieren wie nur möglich. Bei manchen liegt dieses übertriebene Begrüßungsverhalten in ihrer Persönlichkeit, meist aber geschieht es aus Unsicherheit, weil er nicht genau erkennen kann, ob sein Gegenüber ihm auch wirklich freundlich gesonnen ist. Je unsicherer der Hund ist, umso mehr beschwichtigende Gesten kommen dazu und der Hund bewegt sich immer aufgeregter und unruhiger.

Helfen Sie ihm dabei, sicherer und ruhiger auf andere zuzugehen. Wenn Sie unterwegs auf Hunde treffen, könnten Sie die Begrüßung kurzhalten, sich dann wieder in Bewegung setzen und beispielsweise mit dem anderen zusammen ein Stück gehen. Dadurch wird die Aufmerksamkeit des Hundes weg von der Begrüßung und mehr auf das Gehen oder die Umwelt gelenkt. Es macht wenig Sinn, diese Gesten zu unterbinden, in dem Sie schimpfen oder den Hund wegziehen. Er macht es, weil er sich freundlich zeigen will und wird deshalb seine Bemühungen eher noch verstärken, sobald er Unmut beim Gegenüber feststellt.

Passive Demutsgesten gehören mit zum Hundeleben, der junge Straßenhund hat sie schon frühzeitig und gut gelernt. Er bleibt ruhig auf dem Rücken liegen und lässt die Artgenossen gewähren.

Passive Demut – Friedfertigkeit signalisieren

Dieses Verhalten löst bei beobachtenden Personen fast immer mitleidige Kommentare aus: »Der arme Hund, er darf sich nicht bewegen« oder »Er steht so bedrückt da.« Es stimmt, der Hund sieht demütig aus, aber das ist keinesfalls negativ. Versuchen Sie es sachlich und aus Sicht des Hundes zu sehen: passive Demut ist soziale Kompetenz.

Einige, vor allem junge Vierbeiner zeigen häufig vorbeugend die ganze Bandbreite der Signale einschließlich Demutsharnen, um dem anderen keinen Anlass für eine Auseinandersetzung zu geben. Meist aber ist es eine angemessene Reaktion auf die Haltung und Drohgesten des Gegenübers und wird von diesem sozusagen erwartet bzw. eingefordert. Mit seinen Demutsgesten signalisiert der Vierbeiner, dass er bereit ist, die Ansprüche des anderen anzuerkennen und damit eine Auseinandersetzung zu vermeiden oder zu stoppen. Manchmal genügen kleine Demutsgesten, wie ruhig stehen bleiben, sich abwenden oder kurz beschnuppern lassen. Wenn es bereits zu einer Auseinandersetzung gekommen ist, braucht es meist weitere und deutlichere Gesten, um den anderen von der eigenen Friedfertigkeit zu überzeugen.

Signale der passiven Demut:

- Ohren nach hinten dicht an den Kopf legen
- Maulwinkel lang nach hinten gezogen, Lippen geschlossen
- Der Körper wirkt klein und wie zusammengezogen, Rute nach unten oder unter dem Bauch
- Abgeduckt stehen oder sitzen bleiben, Pfote anheben – dabei wird der Körperschwerpunkt

meist leicht weg vom Gegenüber verlagert
- Sich fallen lassen und auf die Seite oder den Rücken drehen, manchmal wird dabei ein Hinterbein etwas abgewinkelt
- Stillhalten, sich beschnuppern oder leicht über die Schnauze »beißen« lassen, ohne Gegenwehr oder zu zappeln. Das bedeutet, so lange liegen zu bleiben bzw. still zu halten bis der Artgenosse weggeht
- Ruhige langsame Bewegungen, die auf die Signale des Gegenübers abgestimmt werden

Erwachsene Vierbeiner, die erfahren sind im Umgang mit Artgenossen, passen ihre Demutsgesten dem Verhalten des Gegenübers an. Die liegende Hündin hält erst einmal still, wendet sich ab, legt sich auf die Seite und hebt ansatzweise die rechte Vorderpfote, während der dunkle Vierbeiner leicht über ihr steht.

Stillhalten und Abwarten ist ein Hauptbestandteil der passiven Demut. Aber genau dies fällt manchen Vierbeinern und auch den Menschen schwer. Oft zappelt ein Hund herum, obwohl er doch still auf der Seite oder dem Rücken ausharren sollte, bis der andere mit ihm zufrieden ist. Herumzappeln oder der Versuch, sich zu entziehen, ist aber keine passive Demut, im Gegenteil es heizt den Konflikt weiter an. Der andere Hund wird also weiterhin Demutsgesten einfordern, evtl. mit immer mehr Nachdruck. Passive Demutsgesten, vor allem ruhig auf dem Rücken liegen bleiben, erfordert Vertrauen in die Sozialkompetenz des Artgenossen, dass es dieser beispielsweise beim Darüberstehen, ausgiebigen Beriechen oder leichtem Über-die-Schnauze-Beißen belässt.

Für die Hundehalter wird Abwarten zur gefühlten Ewigkeit, vor allem, wenn der eigene Hund derjenige ist, welcher fast reglos verharren soll. Aber auch der Halter des anderen Vierbeiners fühlt evtl. eine leichte Unsicherheit, ob es sein Hund wirklich beim Drüberstehen oder ausführlichen Beriechen belässt.

Wenn sich beide Hunde an die Regel halten, droht wenig Gefahr. Versuchen Sie nicht, den unten liegenden abzurufen, das bringt ihn in eine schlechte Situation. Um der Anweisung Folge zu leisten, müsste er sich bewegen, was dann vermutlich weitere Reaktionen des Kontrahenten auslöst.

Imponieren

Imponieren dient dazu, die eigene Stärke zu demontieren und den anderen damit zu beeindrucken. Hunde zeigen es häufig beim Zusammentreffen mit fremden Artgenossen, es gibt ihnen gleichzeitig die Möglichkeit, den anderen etwas genauer einzuschätzen und das eigene Vorgehen darauf abzustimmen. Rüden imponieren meist etwas häufiger und ausgeprägter als Hündinnen, die dieses Verhalten oftmals vermehrt nur vor bzw. während ihrer Läufigkeit zeigen.

Typische Imponierhaltung

- Aufrechte Körperhaltung, durchgedrückte Beine, Hals nach oben gestreckt, Kopf und Schnauze waagrecht, meist in Richtung des Gegenübers
- Rute oder Rutenansatz angehoben, Rute pendelt evtl. leicht mit angespannten Bewegungen
- Ohren bzw. Ohrwurzeln aufgerichtet und nach vorne gestellt
- Blick geht am anderen vorbei, gleitet über ihn

Die folgenden Gesten gehören ebenfalls zum Imponieren, werden jedoch auch in anderen Situationen gezeigt, dann aber mit weichen, fließenden Bewegungen. Den Imponier-Charakter erkennen Sie an einer aufrechten Körperhaltung, den bewusst gewählten, überwiegend langsamen und kontrolliert wirkenden Bewegungen und einer erhöhten Muskelspannung. Der Hund ist sehr präsent.

- Steife, stolzierende Bewegungen oder Imponier-Trab, gegenseitiges Umrunden mit Beriechen von Schnauze, Genital- und Analbereich
- T-Stellung, dabei stellt sich der imponierende Hund in aufgerichteter Haltung quer vor den anderen. Er präsentiert sich und schränkt gleichzeitig den anderen in seiner Bewegungsfreiheit ein, er versperrt ihm den Weg
- Pfote oder Kopf auf den Rücken oder Kopf des Gegenübers legen
- Den anderen jagen, abdrängen, rasch auf ihn zugehen und dicht vor ihm stoppen und ihn somit in seinen Bewegungen kontrollieren bzw. einschränken. Das passiert manchmal sehr subtil, indem sich der Hund einfach vorbei drängelt oder dazwischenschiebt, kann aber auch recht ruppig ausfallen.

Imponier-Trab

Imponieren kann jederzeit in eine Auseinandersetzung übergehen, Hinweise darauf sind: In das Imponieren mischen sich immer mehr Drohgesten, wie Blickfixieren, steifer werdende Bewegungen, aus dem Umkreisen wird zunehmend ein Einschränken der Bewegungsfreiheit des anderen und es kommt immer häufiger zu direktem Körperkontakt.

- Imponiertragen, d.h. der Vierbeiner trägt in stolzer Haltung einen Gegenstand und präsentiert diesen.
- Markieren mit anschließendem Scharren, dadurch wird die markierte Stelle besonders hervorgehoben. Oft schaut der Hund dabei in Richtung des anderen, um zu zeigen, an wen das Imponieren gerichtet ist.

Eine Imponier-Sequenz kann sich ganz unterschiedlich entwickeln. Treffen sich zwei Hunde, die sich als gleich stark empfinden, umkreisen sie sich mehrmals in Imponierhaltung, bleiben voreinander stehen und präsentieren sich in ihrer ganzen Stärke. Dabei schauen sie sich meist nicht direkt an, sondern eher »cool« etwas am anderen vorbei. Solange beide die Aktion des anderen akzeptieren und selbst kein Interesse an einer ernsthaften Auseinandersetzung haben, bleibt es beim Imponieren. Manchmal setzen die Vierbeiner noch Urinmarken ab, über die dann der jeweils andere wieder markiert. Dann trennen sie sich und jeder geht seiner Wege.

In der Regel entspannt sich die Situation wieder, sobald ein Hund mit beschwichtigenden Gesten oder passiver Demut reagiert. Wenn jeder seine Rolle gefunden hat, gibt es nichts mehr zu demonstrieren und ein Konflikt ist abgewendet.

Ab und an entsteht der Eindruck, dass sich das Imponieren in ein Spiel verwandelt, weil einer der Hunde den anderen zu einem Rennen auffordert und dieser die Aufforderung annimmt. Im Unterschied zum entspannten Spiel, ist ein

Der dunkle Hund rechts steht in Imponierhaltung vor dem schwarz-weißen, dieser beschwichtigt leicht, in dem er den Blick senkt und etwas züngelt. Der braune Vierbeiner beschnuppert den dunklen Artgenossen in der Leistengegend, dieser lässt das zu, ohne sein Imponierverhalten zu unterbrechen. Der kleine Hund links im Bild zeigt in diesem Moment einfach Interesse an der Situation, während der im Hintergrund zu sehende helle Vierbeiner seiner Wege geht.

solches Rennen mit viel Anspannung und teilweise heftigem Körperkontakt wie anrempeln oder abdrängen verbunden. Die weitere Entwicklung bleibt offen: die Hunde gehen nach kurzem Rennen wieder ihrer Wege. Die Anspannung steigert sich und es kommt erneut zum innhalten und Imponieren.

Wenn neben den beiden Hauptakteuren noch weitere Hunde beteiligt sind, kann die Situation schnell unübersichtlich werden und sich aufschaukeln.

Imponierverhalten wird von Hundehaltern unterschiedlich eingeschätzt und empfunden. Die einen möchten nicht, dass ihr Hund so auftritt oder befürchten, dass er sich überschätzt und zu Schaden kommt. Die anderen sehen es als ein Zeichen seiner Selbstsicherheit – ein Tier, das sich nichts gefallen lässt und gleich zeigt, wo es langgeht.

Grundsätzlich ist Imponieren nichts Verwerfliches, das immer und sofort unterbunden werden muss. Es ist nicht verkehrt, wenn der Hund weiß, wie er selbst dieses Verhalten richtig einsetzen kann oder reagieren sollte, wenn ein Artgenosse ihm gegenüber imponiert. Aber das muss nicht ständig passieren. Wägen Sie durchaus kritisch ab, ob bzw. wie oft eine solche Aktion sinnvoll ist und was sie dem Hund bringt. Unterbrechen Sie lieber einmal zu viel als zu wenig, vor allem wenn noch weitere Hunde anwesend sind. Stoppen Sie das Imponieren möglichst im Ansatz, rufen Sie Ihren Hund zu sich, entfernen Sie sich etwas vom anderen.

Auseinandersetzungen mit Körpereinsatz

Hunde regeln ihre Konflikte auch durch körperliche Auseinandersetzungen, wenngleich dieses Vorgehen nicht ihre erste Wahl ist, denn es birgt die Gefahr selbst verletzt zu werden. Meist geht einer Auseinandersetzung ein mehr oder weniger intensives Drohverhalten oder Imponieren voraus, aber das Verhalten verläuft nicht immer linear. D.h. es wird nicht immer zuerst gedroht und dann folgt eine körperliche Attacke, manchmal wird direkt gekämpft oder ein Kommentkampf wird immer wieder unterbrochen bzw. begleitet durch Doh- und Imponiergesten.

Der Verlauf einer Auseinandersetzung ist immer ungewiss. Eine harmlos aussehende Kabbelei kann sich zunehmend hochschaukeln und genauso kann ein Kampf plötzlich zu Ende sein und die beiden Kontrahenten gehen ihrer Wege. In diesen Momenten spielen so viele Faktoren eine Rolle: die sozialen Fähigkeiten und die körperliche Verfassung der Vierbeiner, die Umwelteinflüsse, wie der Ort des Geschehens die Anwesenheit weiterer Artgenossen oder das Verhalten der beteiligen Personen.

Vielen Hundehaltern scheint es wichtig zu wissen, wer angefangen hat. Wenn es darum geht, einem Vierbeiner die »Schuld« zu geben, finde ich dies nicht so zielführend. Hunde streiten sich nun mal, da gibt es keinen moralischen Aspekt. Sinnvoll ist diese Überlegung, um die Signale des eigenen Hundes schneller zu bemerken und ihn zukünftig rechtzeitig stoppen und lenken zu können. Aber dann muss man sehr genau hinschauen, denn der Angreifer ist nicht immer derjenige, welcher die Auseinandersetzung ausgelöst hat. Gerade die erste Sequenz wird von uns Menschen oft nicht bemerkt, weil nichts Dramatisches passiert – ein Hund fixiert vielleicht kurz, wird minimal steifer. Für den Artgenossen ist es jedoch eine Botschaft, auf die er dann deutlich erkennbar reagiert und plötzlich befindet er sich in der Rolle des Angreifers.

Kleine Streitereien: Meist geht es dabei um das Verteidigen einer Ressource oder um ein kurzes Zurechtweisen des Artgenossen, weil dieser zu aufdringlich oder grobmotorisch war. Beobachten können Sie Signale wie: Fixieren, Zähneblecken, Maulaufreißen, es werden kurze Bisse ausgetauscht, meist in die Luft oder in das Fell des Gegenübers. Die Bisse sind eher ein kurzes Vorschnappen und es fehlt ihnen an Nachdruck. Häufig sind diese kleinen Streitereien so schnell beendet, wie sie begonnen haben und bedürfen keines weiteren Eingreifens. Die Hunde haben nicht vor, einander zu verletzen, dennoch kann dies natürlich leider passieren.

Kommentkampf – eine ritualisierte Auseinandersetzung

Eine solche Auseinandersetzung schaut sehr dramatisch aus und ist mit viel Getöse verbunden. Kommentkämpfe dienen in erster Linie dem Kräftemessen und laufen nach bestimmten Regeln ab. Die Hunde stellen ihre Stärke zur Schau, drohen einander, rufen sich Unhöflichkeiten zu, haben aber nicht vor den Gegner ernsthaft zu schädigen. Sie nehmen die Unterwerfungsgesten des anderen wahr und reagieren darauf, indem sie den Kampf beenden.

Merkmale eines Kommentkampfs:

- Imponieren, Drohgesten sowohl offensiv als auch defensiv, passive Demutsgesten
- Viel Bewegung: die Hunde umkreisen sich, drängen einander ab, springen aneinander hoch, nehmen ständig eine neue Position ein
- Miteinander ringen, dabei steigen die Hunde aneinander hoch, stellen sich auf die Hinterbeine und stemmen die Vorderpfoten gegen den Gegner oder umklammern sich und versuchen den anderen zu Boden zu drücken
- Bellen, knurren, keifen in allen Tonarten und teilweise sehr laut
- Kurze Unterbrechungen, langsamer werden, sich kurz voneinander abwenden, dann forcieren sie das Tempo wieder
- Gehemmtes Beißen: die Hunde reißen den Fang auf, schnappen in Richtung Gegner oder in die Luft. Oder sie beißen mit schnellen Vorstößen, jedoch ohne Nachdruck in das Fell, in den Kopf oder Nackenbereich des anderen. Evtl. wird der Gegner kurz festgehalten, weil er sich wehrt, aber dann sofort wieder losgelassen.
- Spätestens wenn einer der Hunde aufhört zu kämpfen oder Demutsgesten zeigt, lässt der andere von ihm ab, sofern er über gute Sozialkompetenz verfügt und die Regel des Kommentkampfes einhält.
- Es gibt keine ernsthaften Verletzungen, im Fell finden sich jedoch nasse Flecken durch den Speichel des Gegners und kleine kahle Stellen, sowie Kratzer und Risswunden, häufig an den Ohren oder im Kopfbereich, durch die raschen Vorstöße und Abwehrbewegungen

Für die begleitenden Menschen ist ein solches Geschehen schwer zu ertragen, es ist laut, Haare fliegen, Hunde kämpfen. Hier einen kühlen Kopf zu bewahren und abzuwägen, ob bzw. wie eingegriffen werden soll, fällt nicht leicht. Macht aber Sinn, denn jede Hektik heizt die Stimmung noch mehr an. Es wird immer eine individuelle Entscheidung sein, wie Sie reagieren. Sind sich die Hunde ebenbürtig, in Bezug auf Größe, Aktivität, Kraft und Wendigkeit könnten Sie »einfach« Ruhe bewahren und abwarten. Am besten geht dann jeder Hundehalter in eine andere Richtung weg, hierdurch erhöhte sich die Chance, dass die Hunde schneller voneinander ablassen und ihrem Halter nachkommen.

Wenn das Größenverhältnis ungünstig oder einer der Vierbeiner krank ist, die Auseinandersetzung immer heftiger wird oder direkt neben einer Straße stattfindet, werden Sie wahrscheinlich eingreifen. Aber fassen sie nicht unkontrolliert mitten in die kämpfenden Vierbeiner. Gerade im Kommentkampf werden ständig kleine Bisse austauscht oder gebellt, das Maul der Tiere ist fast beständig offen. Deshalb ist die Wahrscheinlich groß, dass auch die Menschenhände in Kontakt mit den Hundezähnen kommen und sich einige Schrammen einfangen.

Oft kann ein Schreckmoment das Geschehen kurz unterbrechen, beispielsweise durch ein lautes Geräusch wie eine zu Boden geworfene Tasche, ein unvermittelter Schrei oder einen möglichst großen Schwall Wasser, der direkt in Richtung Hundeschnauze zielt. Dieser Moment muss dann allerdings von beiden Hundehaltern sofort genützt werden, um die Tiere zu trennen.

Warten Sie aber mit Anweisung an Ihren Hund, bis dieser auch in der Lage ist, diese zu befolgen. Ein passender Zeitpunkt ist beispielsweise die Schrecksekunde oder eine kleine Pause während der Auseinandersetzung, in welcher sich die Hunde kurz voneinander abwenden. Es wäre

Typisch für den Kommentkampf ist das Aneinander-Hochsteigen und sich mit den Vorderpfoten umklammern ...

... sowie das Herunterdrücken des Gegners.

äußerst ungeschickt ihn beispielsweise heranzurufen, wenn er gerade in einer Demutshaltung vor dem Artgenossen verharrt.

Kommentkämpfe gehören zwar zum Verhaltensrepertoire eines Vierbeiners und das faire Kämpfen ohne den anderen zu verlezten zeugt von sozialer Kompetenz. Dennoch ist es besser, wenn es erst gar nicht dazu kommt. Dem können Sie vorbeugen, in dem Sie beispielsweise für einen guten Grundgehorsam sorgen. Dies ermöglicht Ihnen den Hund auch dann noch zurückzurufen oder zu beeinflussen, wenn bereits eine gewissen Erregung herrscht. Ein weiterer Faktor: Vermeiden Sie es, Ressourcen ins Spiel zu bringen, um die gekämpft werden könnte. Das kann ein unbedacht geworfener Apfel, ein Spielzeug sein oder die Leckerchen, welche freigiebig unter den Hunden verteilt werden.

Ernstkampf – von fast lautloser Dramatik

Von einem Ernstkampf spricht man, wenn Hunde mit deutlicher Beschädigungsabsicht aufeinander losgehen. Ihr Ziel ist es, den Gegenüber ernsthaft zu verletzen oder evtl. sogar zu töten. Zum Glück sind derartige Kämpfe, vor allem mit direkter Tötungsabsicht, wirklich selten. Ein absolut hervorstechendes Merkmal eines Ernstkampfs, das alle Beteiligten beschreiben, ist die fast lautlose und fühlbare Dramatik des Geschehens. Es ist nicht vergleichbar mit einem Kommentkampf oder kleinen Streitereien.

Merkmale eines Ernstkampfs:

- Keine Kommunikation, keine ritualisierten Verhaltensweisen wie Imponieren, Drohen, sich umkreisen oder aneinander hochspringen
- Die Hunde beißen treffsicher und mit großer Intensität, häufig im Kopf und Halsbereich, die Bisse gehen tief ins Gewebe. Je nach Zusammentreffen, beißen sich die Tiere gegenseitig oder ein Hund wird von einem Artgenossen in dieser Weise angegriffen.
- Beißschütteln, d.h. der Hund beißt sich fest, lässt nicht mehr los und schüttet dabei den anderen immer wieder mit voller Kraft.
- Fast lautloser Verlauf, evtl. Schmerzensschreie, langanhaltend und mit hohen Tönen.
- Wenn einer der beiden keine Gegenwehr mehr zeigt oder sich passiv demütig verhält, lässt der andere dennoch nicht von ihm ab, sondern bleibt in ihm verbissen.
- Der Unterlegene reagiert oft in großer Panik, versucht zu fliehen oder verharrt wie gelähmt, verliert Kot oder Urin.

Jedes Eingreifen in einen Ernstkampf ist gefährlich. Bewahren Sie Ruhe, auch wenn das enorm schwerfällt, und sichern Sie evtl. weitere anwesende Vierbeiner, damit sich diese nicht in den Kampf einmischen. Ob und in welcher Form Sie selbst eingreifen, müssen Sie für sich und von Fall zu Fall entscheiden, sprechen Sie sich dazu, wenn möglich, kurz mit anderen Hundehaltern ab. Eine Trennung der ineinander verbissenen Tiere ist meist nur durch Gewalt möglich und – so brutal das auch klingt – durch Würgen des Vierbeiners, bis er keine Luft mehr bekommt. Gut ist es, wenn Sie von hinten den Kopf des Hundes festhalten können, um weiteres Beißschütteln zu verhindern. Dieses Festhalten oder auch weitere Maßnahmen sollten Sie sich am besten vorbeugend und in Ruhe von einer darin erfahrenen Person zeigen lassen, damit das Verletzungsrisiko für Sie so gering wie möglich gehalten wird.

Beim Rennspiel jagen sich die Hunde abwechselnd meist mit hoher Geschwindigkeit oftmals längere Strecken geradeaus, schlagen große Bögen oder wenden in engen Kurven. Der Wechsel zwischen Jäger und gejagtem Hund ist ein wichtiges Merkmal für ein ausgewogenes Rennspiel.

Im Spiel? mit Artgenossen

Entspannt miteinander spielende Hunde zu beobachten, ist wunderschön: Die Lebensfreude, die geschmeidigen Bewegungen, das ausgeglichene Miteinander aller Beteiligten und nicht zuletzt der zufrieden wirkende Hund am Ende des Spiels. Solche Erfahrungen wünscht man sich für seinen Hund, aber ist es wirklich immer so harmonisch? Das Fragezeichen in der Überschrift bringt die Überlegungen zum Ausdruck, mit denen sich Hundehalter berechtigterweise auseinandersetzen: Wann ist ein Spiel noch ein Spiel? Woran erkenne ich, dass eine Situation ausgewogen ist, kippt oder sich wieder entspannt? Wann sollte ich meinen Hund herausnehmen und wie?

Vieles von dem, was wir beim Zusammentreffen der Vierbeiner auf der Hundewiese beobachten, ist kein Spiel, auch wenn es vordergründig so ausschaut. Oft ist es ein Kräftemessen, wer ist schneller, stärker, wendiger sowie ein Ausprobieren und Taktieren wie weit man gehen kann und was sich der noch andere gefallen lässt. Andererseits können Aktionen, die sehr energiegeladen oder wie eine Rauferei erscheinen, für die Hunde durchaus in Ordnung sein und zu ihrer Art des Spielens gehören.

Die Annäherung der Hunde zueinander gibt einen ersten Hinweis darauf, ob sie überhaupt bereit sind, miteinander zu spielen. Wenn sie sich entspannt begegnen, sind dies schon

Maulringen: Hierbei haben beide Hunde den Fang geöffnet und »beißen« in den Schnauzenbereich des anderen, dabei gehen sie sehr vorsichtig mit ihren Kräften und Zähnen um.

einmal gute Voraussetzungen. Einige gut befreundete Tiere haben evtl. bereits Spielrituale entwickelt, bei denen oft schon das Zusammentreffen nach einem bestimmten Schema abläuft.

Manche Vierbeiner versuchen, ihre Artgenossen fast aufdringlich zum Mitmachen zu bewegen, das kann zu einem gemeinsamen Spielen führen, aber genauso gut kann der so angespielte sehr deutlich zu verstehen geben, dass er keinerlei Interesse hat. Respektieren Sie es, wenn Ihr Hund gerade nicht spielen möchte oder einen ihm aufdringlichen Artgenossen auf Distanz hält, drängen Sie ihn nicht dazu »jetzt doch schön mitzuspielen«, weil sich gerade die Gelegenheit dazu bietet. Greifen Sie ein, wenn die Spielaufforderungen des eigenen Hundes zu Unbehagen und Abwehrverhalten des Gegenübers führt.

Die Art und Weise wie gespielt wird, kann ebenfalls darüber entscheiden, ob Hunde miteinander ins Spiel kommen. Manche bevorzugen ein Rennspiel, andere spielen eher körperbetont oder beziehen Gegenstände mit ein. Diese Vorlieben können rassebedingt sein, die Persönlichkeit des einzelnen widerspiegeln oder davon abhängen, welche unterschiedlichen Spielformen ein Hund kennengelernt hat. Viele Hunde sind recht flexibel und spielen mit den unterschiedlichsten Artgenossen, ein harmonisches Spiel entsteht aber oft erst dann, wenn sich die Vierbeiner in ihrem Spielverhalten ähnlich sind. Und manche Hunde finden beim Spiel einfach keinen gemeinsamen Nenner, obwohl sie in anderen Situationen gut miteinander zurechtkommen und sich sehr mögen.

Spielverhalten

In Spielsituationen zeigen Hunde Signale aus verschiedenen Verhaltensbereichen. Allerdings nicht in der üblichen sinnvollen Reihenfolge und auch nicht mit dem nötigen Nachdruck. So wird beispielsweise ein jagdliches Anschleichen mit Spiel-Hopsen kombiniert, was bei einer wirklichen Jagd völlig unsinnig wäre, oder eine Drohgebärde wird mit einer Spielaufforderung kombiniert. Die unlogische Reihenfolge, das Übertreiben der einzelnen Signale in Kombination mit Spielgesten und Pausen ist ein wichtiges Merkmal von Spiel. Denn ohne solche entschärfenden Gesten könnten besonders die Droh- und Jagdsignale schnell zu Missverständnissen führen.

Beim Objektspiel beschäftigt sich der Vierbeiner mit einem Gegenstand: Schütteln, in die Luft werfen, Tragen, zwischen den Pfoten halten, zwischendurch mal ablegen, kurz wegrennen, um sich dann wieder auf das Spielzeug zu stürzen.

Typische Signale und Verhaltensweisen beim Spiel:

- Weiche, entspannte Bewegungen, alles wirkt fließend und kurvig.
- Unnötige und übertrieben wirkende Bewegungen, zur Seite springen, Kopf hochwerfen, weites Maulaufreißen, sich schnell und platt auf den Boden fallen lassen.
- Spielgesicht, es entsteht dadurch, dass auch die Gesichtsmuskulatur entspannt ist und es ausschaut, als würde der Vierbeiner Grimassen schneiden.
- Vorderkörpertiefstellung und Spielhopsen.
- Pausen dienen dazu, das Spiel zu entschleunigen und die Aufregung etwas zu dämpfen.
- Schnelle Situations- und Rollenwechsel: Bei Renn-, Verfolgungs- oder Raufspielen ist mal der eine der Verfolgte oder Unterlegene, mal der andere.
- Das sogenannte Self-handicap, bei dem sich der schnellere, stärkere Vierbeiner zurückhält und Rücksicht nimmt. Ein großer Hund legt sich vielleicht auf den Boden und spielt von dort aus mit dem kleineren oder setzt seine Kraft nur sehr vorsichtig ein, der schnelle, wendige Border Collie legt Pausen ein und wartet, bis der Bernhardiner-Kollege wieder einsatzbereit ist.
- Das Fehlen von Ernstbezug, es wird nur gehemmt gebissen, gejagt, gekämpft.

Spielen mehrere Vierbeiner mit, jagen sie sich gegenseitig den Gegenstand ab oder rangeln darum. Dieses »Streiten« um die Beute geschieht oft mit großem Körpereinsatz. Hinweis darauf, dass alles noch Spiel-Charakter hat: abwechselnder Besitz des Spielzeugs, die Bewegungen der Vierbeiner sind weich und fließend. Ein kurzes intensives Zerren, wird aufgelöst, indem einer die »Beute« loslässt und mit fast übertrieben kurvigen Bewegungen losrennt.

Achtung:
Stöckchen sind zwar beliebte Spielgegenstände, bergen aber große Verletzungsgefahr, vor allem wenn mehrere Hunde beteiligt sind oder der Vierbeiner damit herumrennt.

- Ein anfänglich wildes und stürmisch verlaufendes Spiel wird zunehmend ruhiger geht in ein lockeres Miteinander über
- Spiel ist freiwillig, wenn einer der Spielpartner keine Lust mehr hat, beendet er die Aktion und das Spiel klingt aus.

Jetzt wird's zu viel!

Greifen Sie ein, wenn folgende Verhaltensweisen immer häufiger auftreten:

- Das Spiel wird schneller, die Hunde bewegen sich aufgeregt, angespannt und hektisch. Raufspiele werden intensiver und bestehen fast

Spiel braucht Geborgenheit

Eine wichtige Voraussetzung für Spiel ist ein Umfeld, das Sicherheit, Geborgenheit und eine entspannte Atmosphäre bietet. Wenn sich der Hund unwohl fühlt, müde ist, Angst, Schmerzen oder Hunger hat, wird er nicht spielen. Auch bei sozialen Spannungen unter den Artgenossen oder auch mit dem Menschen, wird der Hund nicht oder nur sehr zögerlich auf ein Spiel eingehen und sich dann eher gehemmt verhalten.

nur noch aus aneinander hochspringen, den anderen niederdrücken oder in den Nacken beißen.

- Fehlende Pausen oder Pausen in immer kürzeren Abständen.
- Unausgeglichenheit: es wird vorwiegend ein Tier gejagt, zu Boden gedrückt, in eine Ecke gedrängt. Wenn mehrere Hunde miteinander spielen, passiert es immer wieder, dass die Gruppe einen Artgenossen auswählt und diesen mobbt, d.h. dieser wird permanent bedrängt, gejagt, angebellt, angerempelt oder umgeworfen.
- Beschwichtigungsgesten, Stress-Signale oder Übersprungshandlungen und vermehrtes Fiddeln.
- Angstzeichen oder Drohsignale. Dazu gehört auch den Artgenossen durch Bellen oder Abschnappen auf Distanz halten, Wegschleppen oder deutlich erkennbares Abschirmen eines Spielzeugs, Schutz suchen beim Hundehalter, Weglaufen.
- Die Hunde reagieren nicht mehr passend auf die Signale der Artgenossen, z.B. nicht innehalten obwohl gedroht wurde.

Noch ein paar Spielregeln: Während des Spiels ist immer! Ihre Aufmerksamkeit gefragt, um rechtzeitig eingreifen zu können.

Die Hunde sollten zu Spielbeginn nicht wild aufeinander zustürmen, gehen Sie am besten einige Meter gemeinsam und sprechen Sie mit dem anderen Halter ab, wann die Hunde in den Freilauf entlassen werden.

Bleiben Sie in Bewegung und vergrößern Sie immer mal wieder den Abstand zu anderen Hundehaltern. Vielleicht sucht Ihr Hund gerne Ihre Nähe, um kurz zu pausieren. Wenn Sie dabei zu dicht bei anderen stehen, zwingen Sie ihn unter Umständen direkt wieder zu Interaktionen.

Wenn Ihr Hund bei Ihnen Schutz sucht, gewähren Sie ihm diesen. Bitten Sie den anderen Hundehalter seinen Hund zu rufen oder sorgen Sie selbst mit einer klaren, aber ruhigen Geste dafür, dass dieser auf Abstand bleibt. Ihr Hund muss nicht lernen, wie man andere mit Keifen und Bellen auf Distanz hält. Oft haben gerade kleine Hunde den Ruf des »Kläffers« oder »Schnappers«. Aber abgesehen von einer vielleicht rassetypischen Neigung zum Bellen, tun wir ihnen da unrecht. Häufig haben sie einfach gelernt, dass sie andere Hunde damit in Schach halten müssen, weil ihnen nicht geholfen wird. Deshalb ist es mir so wichtig auch beim »schönen Spiel« zwar nicht übervorsichtig, aber dennoch achtsam zu sein.

Ideal sind Spielpartner, die sich in Bezug auf Größe, Kraft und Temperament ähnlich sind. Das senkt die Unfallgefahr und vermeidet Überforderung. Achten Sie bei einem Ungleichgewicht besonders darauf, wie die Tiere miteinander umgehen, auch freundliche Hunde können tollpatschig und unvorsichtig sein.

Lassen Sie die Hunde nicht ewig lange spielen. Je nach Spielart und Hund ist oft schon nach wenigen Minuten eine Unterbrechung nötig. Beenden Sie ein Spiel, solange es noch entspannt verläuft. Je länger es andauert, umso eher besteht die Gefahr, dass es »kippt«.

Vorderkörpertiefstellung – spielen, auflauern oder ängstlich verharren?

Der Hund senkt den Vorderkörper ab in Richtung Boden und schaut sein Gegenüber an. Ist dies nun eine typische Spielaufforderung? Die Vorderkörpertiefstellung wird überwiegend als Spielsignal genützt, es gibt aber kleine Nuancen, die zeigen, dass der Hund nicht in Spielstimmung ist, sondern mit seiner Haltung eine andere Emotion signalisiert.

Im Spiel wird diese Geste abwechselnd von allen Beteiligten gezeigt, die Bewegungen wirken weich.

- Vorderkörper abgesenkt mit »Kurven« in der Wirbelsäule,
- Ellenbogen liegen dabei fast auf dem Boden auf und die Vorderbeine sind mehr oder weniger gespreizt
- Kopf und Blick immer nur kurz direkt auf den Artgenossen gerichtet, meist vom Gegenüber abgewandt
- Ohren aufgerichtet oder leicht nach hinten
- Fang offen, Spielgesicht
- Rute unterhalb der Rückenlinie und im leichten Bogen nach oben, Wedeln
- Manche Hunde bellen dabei auffordernd oder berühren den Spielpartner mit den Pfoten

Als beschwichtigende Geste und Pausen-Signal, während des Spiels: dabei legt sich der Hund entweder komplett auf den Boden oder geht in die Vorderkörpertiefstellung. Beispielsweise wenn der Artgenosse zu actionreich spielt, sich zu stürmisch nähert oder die Situation insgesamt unübersichtlich ist.

Beschwichtigungsgeste: Der Vierbeiner bleibt sehr ruhig in dieser Position, wedelt nicht und unterlässt auffordernde Signale. Er beobachtet den anderen, senkt dabei immer mal wieder den Blick. Nach dem Aufstehen wendet er sich nicht sogleich dem Artgenossen zu, sondern hält oftmals etwas Abstand oder nähert sich verhalten.

Pausen- oder Entschleunigungssignal: Der Hund springt nach kurzer Zeit wieder auf und spielt weiter. Sollten sich die Pausen- und Beschwichtigungs-Signale mehren, ist es ein deutliches Zeichen, dass es jetzt zu viel wird.

Manche Vierbeiner **fiddeln** mehr als dass sie spielen und zeigen dabei auch eine angedeutete Vorderkörpertiefstellung (s. Seite 44). Der Hund wirkt wie hin- und hergerissen, ist unsicher bei der Kontaktaufnahme, aber aufhören und den anderen in Ruhe lassen kann er irgendwie auch nicht. Seine Spielgesten sind vermischt mit teilweise recht aufdringlichen Kontaktversuchen, beschwichtigenden Gesten und Übersprungshandlungen.

Souveräne Vierbeiner reagieren oft tolerant und ignorieren einen fiddelnden Artgenossen. Das gibt diesem die Möglichkeit ruhiger zu werden und nach und nach ein passenderes Verhalten zu erlernen. Andere sind davon schnell genervt und reagieren ungehalten.

Spiellauern: ist eine Mischung aus spielerischer Vorderkörpertiefstellung und der richtigen Lauerstellung. Kommt der Artgenossen näher oder erscheint dem Lauernden der Augenblick günstig, schießt er los, bremst kurz vor dem anderen, zeigt evtl. erneute Vorderkörpertiefstellung oder einen Spiel-Hopser. Lauern ist eine Sequenz des Jagdverhaltens. Dass es gerade als Spielaufforderung gedacht ist, zeigt sich darin, dass der Hund insgesamt weich und etwas albern in seinen Bewegungen erscheint.

Lauern, um den Artgenossen auf Distanz zu halten oder ihn zu jagen: Diese Haltung ist vordergründig der Spielaufforderung sehr ähnlich, unterscheidet sich jedoch in Details.

- Hauptmerkmal: die Bewegungen passieren sehr bewusst und haben nichts Spielerisches an sich. Der Hund wirkt in seiner Haltung sehr fokussiert und kerzengerade auf den anderen Hund ausgerichtet und bleibt mitunter für mehrere Minuten in dieser Position.
- Der Vierbeiner senkt den Körper betont langsam zu Boden oder erst nach einigen schleichend wirkenden Schritten, die Wirbelsäule ist sehr gerade
- Vorderbeine liegen parallel zueinander, Hinterbeine stark durchgedrückt
- der Blick fokussiert den Artgenossen, Ohren sind nach vorne/oben gerichtet und der Fang ist geschlossen.
- Rute oberhalb der Rückenlinie die Rutenspitze zeigt meist auf das Gegenüber

Für den so belauerten Hund ist das kein Spiel, er fühlt sich bedroht auf keinen Fall wohl!

Unterbrechen Sie das Lauern Ihres Hundes und nehmen Sie ihn zur Seite.

Ängstlich verharren: Dieses Verhalten zeigen Hunde meist bei Begegnungen, während des Spiels passiert es eher selten, beispielsweise wenn eine Aktion vorausgegangen ist, die den Hund sehr verunsichert hat.

Der Hund wird langsamer, bleibt kurz stehen und legt sich hin. Dabei handelt es sich nicht um die typische Vorderkörpertiefstellung, wenn auch manchmal das Hinterteil etwas angehoben bleibt. In der Regel legt sich der Hund komplett auf den Boden, sein Blick ist überwiegend auf den Artgenossen gerichtet, er zeigt keine Drohsignale, sondern macht sich eher klein und blickt auch immer mal wieder zur Seite.

Dieses Hinlegen aus Unsicherheit ist eher ein Erstarren/Freeze (s. Seite 54). Der Vierbeiner schwankt zwischen Weglaufen, den anderen im Auge behalten müssen und sich der »Gefahr« stellen.

Helfen Sie ihm, versuchen Sie ihn zur Seite zu lenken, am besten, ehe er völlig erstarrt. Wenn das nicht möglich ist, so schirmen Sie ihn so gut als möglich ab und lassen Sie nicht zu, dass Artgenossen Kontakt aufnehmen.

Was passiert da gerade? Fotobeispiele

Beim Hundespiel passiert sehr viel gleichzeitig und vor allem in schneller Abfolge. Mit den folgenden Fotos möchte ich Sie für die Feinheiten der Hundesprache begeistern. Mich fasziniert es nach wie vor, wie gut aufeinander abgestimmt Hunde kommunizieren, wie vielfältig ihre Signale sind und wie differenziert sie diese einsetzen.

Wild und ruppig – aber noch Spiel

Die beiden einjährigen Hündinnen spielen mit intensivem Körpereinsatz: sie springen sich an, aneinander hoch, rempeln und drücken sich gegenseitig zu Boden.

Dass es sich dabei noch um ein Spiel handelt, wird deutlich, weil alle Signale und Bewegungen in fast übertriebener Weise und eher unüblichen Kombinationen gezeigt werden. So werden z.B. Drohgebärden sofort wieder abgeschwächt durch weiche, albern wirkende Bewegungen, der zu Boden gedrückte Artgenosse wird sofort wieder frei gelassen und Positionen wechseln ständig.

Miteinander vertraute Hunde tolerieren gegenseitig oft Verhaltensweisen, wie Anrempeln, Anstupsen, am Fell ziehen oder ständiges Anspringen, die sie bei einem fremden Vierbeiner vermutlich als anmaßend empfinden und mit Spielabbruch quittieren würden.

Hopsen und kurzes Auflauern als Einleitung zum Rennspiel. Ein Vierbeiner nähert sich dem Spielpartner mit fast übertriebenen Sprungbewegungen, bremst kurz vor ihm ab, geht für einen Moment in eine Vorderkörpertiefstellung und rennt danach schnell wieder weg. Der Artgenosse nimmt die Spielaufforderung an und es entwickelt sich ein Rennspiel.

Etwas vorsichtiger – bitte!

Die helle wuschelige Hündin hat die ältere Artgenossin angerempelt. Diese ist dabei zu Fall gekommen und zeigt nun durch eine Drohgeste ihren Unmut und dass sie etwas mehr Abstand einfordert. Die helle Hündin reagiert sofort und geht rückwärts. Die noch am Boden liegenden Hündin droht weiter, bis sie die Distanz als ausreichend empfindet. Danach steht die ältere Hundedame auf, schenkt der Artgenossin keinen Blick mehr und wendet sich ihrem Menschen zu.

Der helle Labrador wird von den beiden dunklen Hunden bedrängt und versucht die Situation zu entschärfen. Seine aktiven Demutsgesten wie Wedeln gehen zunehmend in passives Verhalten über – er hält still, wendet den Blick ab, legt die Ohren nach hinten und knickt leicht in den Hinterbeinen ein

Hundefreundschaften

Das entspannte Zusammensein mit Freunden ist für ein soziales Lebewesen enorm wichtig. Hunde vergeben ihre Zuneigung jedoch nicht wahllos und wollen auch nicht mit jedem eng befreundet sein. Manche sind sich auf Anhieb sympathisch, meist aber brauchen Freundschaften Zeit, um zu wachsen. Hunde gehen nicht nur mit Artgenossen enge Freundschaften ein, sondern auch mit ihren Menschen und teilweise auch mit anderen Tieren. Ihre gegenseitige Verbundenheit und Zuneigung drücken Hunde auf ganz unterschiedliche Art und Weise aus.

- Das gemeinsame Spiel ist eine Möglichkeit, jedoch weniger oft, als wir Menschen dies erwarten. Manche Hunde sind eng befreundet, ohne jemals miteinander zu spielen.

- Kleine soziale Interaktionen, wie ein kurzer Augenkontakt oder ein angedeutetes Schwanzwedeln beim Vorbeilaufen, ein

Gegenseitige Körperpflege bestätigt das Zusammengehörigkeitsgefühl.

kurzes Anstupsen oder Lefzenbelecken bekräftigen immer wieder den Zusammenhalt.

- Gegenseitige Fellpflege festigt die sozialen Beziehungen. Dabei wirken die Bewegungen des Pflegenden sehr sanft, langsam und fast hingebungsvoll. Der Gepflegte hat einen entspannten Gesichtsausdruck, schließt manchmal die Augen und wedelt ab und an ganz leicht mit der Rute.
- Nach einer Trennung begrüßen sich die Tiere mit kleinen Freundschaftsgesten. Dabei drücken sie sich richtig aneinander, lecken sich kurz über Gesicht und Lefzen oder gehen ein paar Schritte nebeneinander.

Ruhen im engen Kontakt zueinander.

Gemeinsames Erkunden: Auf dem Spaziergang laufen die Hunde streckenweise fast synchron für ein paar Meter nebeneinander, manchmal sogar mit direktem Körperkontakt. Sie bleiben an denselben Stellen stehen, um zu schnüffeln, betrachten und erkunden Dinge gemeinsam. Auch hierbei verläuft alles völlig entspannt, selbst ein kleines Wegdrängen ist mit keinerlei Anspannung verbunden.

- Die Tiere bemerken, wenn es dem anderen nicht gut geht, und kümmern sich umeinander. Sie belecken Wunden, kontrollieren Verletzungen, legen sich dicht zum anderen oder bleiben in seiner Nähe.

- Befreundete oder gemeinsam lebende Hunde schlafen häufig nahe beieinander, je nach persönlichem Bedürfnis im direkten Körperkontakt oder mit etwas Abstand. Entspanntes Schlafen in unmittelbarer Nähe zum anderen zeugt von Vertrauen zueinander. Manches Mal nehmen die Hunde (unbewusst?) sogar die gleiche Schlafposition ein.

Auch das kann Freundschaft sein: Gruppenzusammenhalt gegenüber anderen. Das wird besonders deutlich, wenn ein Hund von anderen bedroht oder angegriffen wird. Dann greift der Freund ein und versucht dem angegriffenen beizustehen.

In Hundegruppen sollten Sie daher achtsam sein, die Grüppchenbildung führt unter Umständen dazu, dass sich befreundete Tiere zusammenschließen und einen Artgenossen mobben oder systematisch ausgrenzen.

DA IST DOCH NIX! ODER DOCH?

Die Umwelt ist für unseren Hund voller Reize – akustische, visuelle, geruchliche und taktile. Welchen er Bedeutung beimisst und wie intensiv sie ihn beschäftigen, liegt unter anderen am Alter, Geschlecht, seiner individuellen Persönlichkeit und Rassezugehörigkeit. Für Welpen ist oft noch jedes Blatt, jeder Regenwurm von Interesse, der heranwachsende Rüde widmet sich intensiv den Geruchsmarkierungen der Artgenossen, ein visuell orientierter Vierbeiner erkennt jede noch so kleine Bewegung und jeden auffliegenden Vogel und für die meisten Hunde sind Spuren aller Art von hoher Bedeutung.

Haben Sie sich schon einmal gefragt oder beobachtet, was Ihr Hund tun würde, wenn er völlig frei entscheiden könnte, ohne räumliche Grenzen, Ihr Eingreifen oder Dabeisein: Würde er überwiegend ruhen, häufig aufspringen und einen vermeintlichen oder tatsächlichen Reiz untersuchen? Würde er lostraben und die Umgebung erkunden, Kontakte knüpfen, Spuren nachgehen oder überwiegend im vertrauten

Umfeld bleiben? Würde er Unbekanntes meiden, aus einiger Entfernung beobachten oder neugierig untersuchen? Vermutlich können Sie das nicht Realität werden lassen, zumindest nicht für jeden Hund und an jedem Ort – ein interessantes Gedankenspiel bleibt es dennoch. Es könnte Aufschluss darüber geben wann Ihr Hund Unterstützung und Anleitung braucht, damit sein Verhalten keine unliebsamen Formen annimmt und unter welchen Bedingungen es ihm guttut, wenn er selbstständig entscheiden kann und Erfahrungen mit den unterschiedlichsten Reizen sammeln kann.

Die Umwelt aus einem anderen Blickwinkel

Gerüche, Geräusche, Zusammentreffen mit anderen, sich schnell bewegende Objekte oder Lebewesen sind nur einige der Herausforderungen, denen Hunde fast täglich begegnen. Für uns Menschen ist es enorm schwierig, sich vorzustellen, wie der Hund all diese Reize und seine Umgebung wahrnimmt, auch wenn wir nachlesen können, wie viele Riechzellen er besitzt, welche Farben er sieht oder in welchem Frequenzbereich er hört. Seine Sinnesorgane sind darauf ausgelegt, genau die Reize besonders gut wahrzunehmen, die für das Lebewesen Hund von Bedeutung sind. Informationen, die er braucht, um zu jagen, etwas zu bewachen, sich im Umfeld zurechtzufinden, nicht in Gefahr zu geraten oder Mitteilungen von Gruppenmitgliedern frühzeitig zu erkennen.

Hunde können beispielsweise Gerüche auch unter Wasser, unter der Erde oder einer geschlossenen Schneedecke wahrnehmen und mehrere Tage alte Spuren mit hoher Treffsicherheit nachverfolgen. Sie bemerken selbst kleinste Bewegungen, das ist nicht nur für das Jagen von Bedeutung, sondern auch für die Verständigung, bei der minimale Veränderungen in Mimik und Gestik eine Rolle spielen. Der Tastsinn ist zusammen mit dem Geruchssinn einer der ersten, den ein Welpe nützt, um sich zurechtzufinden. Über Rezeptoren in der Haut nehmen Hunde Kälte und Wärme, Druck und Schmerz wahr. Besonders stark ausgeprägt sind diese Tastrezeptoren im Kopfbereich und an den Pfoten. Dort erspüren die feinen Sensoren beim Auftreten auch kleinste Erschütterungen und erkennen, wie sicher und stabil eine Oberfläche ist. Daher zögern viele Hunde zunächst und machen einige prüfende Schritte, ehe sie schwankende Stege, rutschige Böden und Gitterroste begehen oder in Gondeln und Aufzüge steigen.

Wir können nicht sehen, hören, riechen oder fühlen wie ein Hund, aber bereits die veränderte Perspektive (die Kopfhöhe unserer Hunde liegt zwischen wenigen Zentimetern bis zu fast einem Meter über dem Boden) ergibt eine völlig andere Sicht auf die Dinge.

Bewuchs und Geländeunebenheiten erschweren den Blick in die Ferne, manches bleibt dem Hund verborgen, was sein Mensch aus der aufrechten Position heraus gut erkennen kann, anderes wiederum nimmt der Vierbeiner sehr intensiv wahr.

Manche Wahrnehmungen bleiben dem Hund sehr lange in Erinnerung. Er weiß noch nach Tagen, dass er genau an dieser Wegbiegung das Eichhörnchen gejagt hat oder an der Parkbank weggeworfene Essensreste findet. Genauso erinnert er sich daran, dass hinter jenem Gartenzaun

Hunde nehmen ihre Umwelt mit all ihren Sinnen wahr und entdecken vieles, das für sie interessant, aufregend, beunruhigend ist oder ihre Wachsamkeit erfordert.

Aus der Hundeperspektive wirkt ein sich nähernder Mensch riesig, streichelnde Hände kommen wie Greifzangen von oben, Einkaufstüten baumeln direkt vor der Nase ...

... und mit dem Artgenossen befindet man sich Auge in Auge. Es ist daher nicht verwunderlich, dass unsere Vierbeiner auf Einzelheiten reagieren, an denen wir achtlos vorübergehen.

der aufgeregte Artgenosse lebt oder er an dieser Stelle die erschreckende Begegnung mit dem Elektrozaun hatte.

Immer wieder erstaunlich und sehr beeindruckend ist seine Fähigkeit, bestimmte Reize auszublenden bzw. bevorzugt zu beachten. Beispiele: Der Vierbeiner arbeitet so begeistert und konzentriert, dass er dabei Außenreize unbeachtet lässt, denen er im Alltag sofort nachgegangen wäre. Genauso kann er gewohnte Alltagsgeräusche einfach »überhören« und entspannt vor sich hindösen, obwohl der Fernseher läuft, Sie Video-Konferenzen abhalten, der Staubsauger in Betrieb ist oder die Kinder etwas Lärm machen. Er ist jedoch sofort aufmerksam, sobald ein ungewohnter Laut hinzukommt, der seine Aufmerksamkeit bzw. Wachsamkeit erfordern könnte oder ein Geräusch, das für ihn eine Bedeutung gewonnen hat, wie das Quietschen der Kühlschranktüre.

Wenn diese selektive Wahrnehmung unsere Anweisungen betrifft, ist das nicht ganz so erfreulich, aus Hundesicht aber verständlich. Für den Vierbeiner ist es zunächst völlig normal,

Auch Hunde sind körperlich oder mental nicht immer in Bestform und können deshalb anders als sonst, intensiver oder sehr unerwartet auf einen Reiz reagieren.

Vielen Hunden hilft es, wenn sie nicht sofort mitten im Geschehen sind, sondern sich alles mit etwas Abstand anschauen und sich an eine Situation gewöhnen können. Manche müssen ein Umfeld mit aufregenden Reizen mehrmals aufsuchen, bis sie damit vertraut werden.

einem Reiz nachzugehen, der ihn jetzt gerade interessiert. Das beansprucht seine Aufmerksamkeit unter Umständen so sehr, dass er für andere Wahrnehmungen kaum noch Kapazität frei hat – all unsere Anweisungen landen im »AUS«. Dass dieses Verhalten für Probleme sorgen kann, weiß er nicht. Er weiß auch nicht automatisch, welches Verhalten stattdessen von ihm erwartet wird. Er lernt erst nach und nach, dass trotz unterschiedlichster Ablenkungen eine Zusammenarbeit machbar und durchaus hilfreich sein kann. Einige Vierbeiner benötigen dabei kaum Unterstützung, sie machen den Alltag mit, ohne sich groß aufzuregen. Mit anderen muss man neue oder für sie belastender Reize sehr dosiert üben, bis sie entspannter damit umgehen und auch in solchen Momenten auf die Anweisungen ihrer Menschen achten.

Misstrauen gegenüber Unbekanntem und in der Dämmerung

Beim abendlichen oder frühmorgendlichen Gassi gehen stockt Ihr Hund plötzlich, bleibt wie angewurzelt stehen, schaut angespannt in eine bestimmte Richtung, knurrt oder bellt. Vielleicht verharrt er auch kurz, weicht dann mit einem Seitenblick auf den Gefahrenherd zurück oder macht einen Bogen um diese Stelle. Sie selbst jedoch bemerken nichts Auffälliges. Aber nur, weil wir Menschen »etwas« nicht hören, riechen, fühlen oder sehen, kann es für den Hund dennoch vorhanden sein. Seine Sensibilität und außerordentlich gute Wahrnehmungsfähigkeit gerade zu dieser Tageszeit ist ein Erbe seiner Vorfahren. Diese waren – und manche Hunde sind es heute noch – besonders in der

Morgen- und Abenddämmerung aktiv, um zu jagen, zu wachen und zu beschützen.

Hunde können deshalb tagsüber völlig entspannt unterwegs sein, im Dunkel jedoch oder wenn sie etwas nicht zuordnen können, reagieren sie aufmerksamer, ja wachsamer.

Beobachten können Sie, je nach Hundepersönlichkeit und Situation

- offensives Drohverhalten
- Unsicherheits-Signale oder eine Mischung aus Unsicherheit und Neugier
- Wachsames Bellen oder einzelne Wuffer, auch bei Hunden, die sich sonst eher selten akustisch äußern. Die einzelnen Wufflaute sind oft

Für uns eine schöne Holzschnitzerei, die wir so nebenbei wahrnehmen, für den Hund ein seltsames Ding, das gestern noch nicht da war.

Der junge Hund entdeckt die Welt: seine Neugier hilft ihm mutig zu sein und eine gewisse Vorsicht bewahrt ihn vor unüberlegten Schritten.

verbunden mit einem kurzen nachfragenden Blick zum Hundehalter, um zu erfahren, wie nun gehandelt werden soll.

Eine erhöhte Anspannung und Vorsicht zeigen viele Hunde auch während des Heranwachsens und teilweise noch im jungen Erwachsenenalter – den sogenannten Fremdelphasen. In dieser Zeit sind sie oft vorsichtig oder misstrauisch gegenüber Unbekanntem, betrachten Veränderungen im Umfeld mit großer Skepsis oder reagieren sehr sensibel auch auf vertraute Dinge oder Abläufe, denen sie bisher kaum Beachtung geschenkt haben. Plötzlich wird die Mülltonne angebellt, an der sie viele Male zuvor problemlos vorbeigegangen sind oder ein Fahrzeug misstrauisch beäugt, das sonst nie an dieser Stelle des Spazierwegs steht. Sie »fremdeln« und nähern sich einer ihnen bekannte Person sehr zurückhaltend, nur weil diese sich ein wenig anders verhält als sonst oder an ungewohnter Stelle entgegenkommt.

Dieser Elefant ist nun wirklich nicht alltäglich und fast auf Augenhöhe des Hundes. Im Beisein eines vertrauten Artgenossen, untersucht ihn die Hündin auf ihre Art und Weise.

Insgesamt sind viele Vierbeiner in diesen Phasen etwas ängstlicher oder schreckhafter. Die Unsicherheit macht sich auch in der Körpersprache und beim Bellen bemerkbar

- Ihr Warnbellen ist meist noch nicht so ausgeprägt, die Laute klingen mehr nach Aufregung, d.h. sie erfolgen schnell hintereinander und in einer höheren Tonlage.
- Ihre Körperhaltung signalisiert Vorsicht: zögerliches Annähern, zurückspringen, mit langgestrecktem Hals in Richtung »Gefahr« schnuppern, jederzeit zum Rückzug bereit
- Ihr Verhalten schwankt zwischen Unsicherheit, Ausweichen, Neugier und Drohen.

Was hilft Ihrem Hund in diesen Momenten?
Der Ratschlag, selbst ruhig zu bleiben ist nicht verkehrt, aber mit Ihrer Ruhe allein ist es nicht getan. Ihr wachsamer und misstrauischer Hund wird dennoch weiterhin verteidigungsbereit sein. Wichtiger ist hier Ihr souveräner Umgang mit der Situation, vermitteln Sie dem Hund, dass Sie sein Zögern, sein Aufpassen bemerkt haben und er die Angelegenheit nun Ihnen überlassen kann. Signalisieren Sie ihm das weitere Vorgehen, aber machen Sie keine große Aktion daraus, Sie haben die Lage im Griff und wissen was zu tun ist.

Während der Fremdelphasen braucht der Hund Ihre unaufgeregte Unterstützung: Lassen Sie ihm Zeit und Raum, um sich mit dem Reiz auseinander zu setzen. Sie könnten auch selbst hingehen und den Gegenstand inspizieren, drängen Sie den Hund aber nicht dazu ebenfalls dicht heranzugehen. Wenn er Abstand braucht, ist das auch in Ordnung. Geraten Sie nicht gleich in Sorge, falls der Hund tagelang hintereinander immer wieder denselben Mülleimer verbellt. Viele Hunde brauchen Zeit und mehrere Begegnungen mit einem unheimlichen Objekt, bis sie es als ungefährlich eingestuft haben. Und manchmal ist dann die Unsicherheitsphase nach einigen Wochen so plötzlich vorbei, wie sie gekommen ist.

Wenn der Vierbeiner aufgrund seiner Fremdelphase oder zu bestimmten Tageszeiten sehr gestresst ist, kann man die Spaziergänge auch mal kurz halten und zu anderen Zeiten oder in eine etwas ruhigere Umgebung ausführlicher nach draußen gehen.

Gezielter eingreifen und dem Hund eine Alternative beibringen sollten Sie dann, wenn das Verhalten sehr ausgeprägt ist, wenn aus dem Verbellen und misstrauisch beäugen eine Attacke wird oder wenn er es gegenüber Menschen zeigt.

Er schaut doch nur!?

Wie oft höre ich diesen Ausspruch, mal mit leicht fragendem Unterton – ist das wirklich so? Mal als Info, dass man sich keine Sorgen machen muss, es geschieht ja weiter nichts. Es stimmt, der Hund schaut (erst einmal) nur und das hat nicht automatisch eine tiefere Bedeutung.

Dennoch ist Schauen nicht gleich Schauen, es kommt auf die Intensität des Blickkontaktes an, die Blickrichtung und das gesamte Ausdrucksverhalten des Vierbeiners. Dabei sind es nicht nur die Blicke, sondern die gesamte Augenpartie, die Hinweise auf die Stimmung des Hundes geben kann. Der Hund besitzt beispielsweise einen kleinen Muskel direkt über den Augen, mit dem er die Augenbrauen nach oben zieht. Das lässt die Augen größer erscheinen, gibt ihm einen fragenden, teilweise besorgten Blick der auf uns sehr ansprechend wirkt und dem wir oft nicht widerstehen können. Bei Hunden mit auffälliger Gesichtszeichnung sind die Bewegungen der »Augenbrauen« besonders gut zu erkennen.

Der sogenannte weiche Blick entsteht dadurch, dass die gesamte Gesichtsmuskulatur völlig entspannt ist und die Augen meist nicht ganz geöffnet sind. Der Hund blinzelt ab und an oder schließt die Augen. Ein direkter, ununterbrochener Blickkontakt dagegen wirkt fordernd, bedrängend und vermittelt Anspannung, vor allem in Verbindung mit einer eher angespannten Körperhaltung.

Von einem »Wal-Auge« spricht man, wenn das Augenweiß sichtbar wird und die Pupillen sehr groß sind. Der Hund scheint zu schielen, weil sein Blick in eine andere Richtung gerichtet ist als sein Kopf. Ein solcher Blick in Kombination mit einer angespannten Körperhaltung, einem Stressgesicht oder nach hinten gelegten Ohren ist ein deutlicher Hinweis darauf, dass sich der Hund in einem Konflikt befindet, in die Enge getrieben fühlt, ausweichen möchte, sich stark ängstigt oder erschreckt.

Je nach Gemütslage verändern sich auch die Pupillen. Bei Aufregung, Angst oder wenn der Hund etwas Interessantes, Erschreckendes sieht, weiten sie sich. Bei Anspannung oder beim Drohen verengen sie sich.

Mit den Augen können Hunde so viele Emotionen ausdrücken. Ist Ihnen schon einmal die leise Dringlichkeit aufgefallen, die vom Blick Ihres Hundes ausgehen kann, die Aufforderung zu etwas, seine Wärme, die Verbundenheit, seine beginnende Verunsicherung, die Bitte um Distanz?

Mit den Augen kann ein Hund nahezu all seine Stimmungen ausdrücken und uns Informationen darüber geben, was er jetzt beabsichtigt

- Ausschau halten nach Wild, einem Artgenossen, die Umgebung scannen nach interessanten Dingen, möglichen Gefahren und Bedrohungen
- Distanz einfordern
- Nähe und Verbundenheit aufbauen
- Unsicherheit und Angst ausdrücken
- Beschwichtigen
- Nachfragen, wie der andere die Lage einschätzt
- Eine kurze Mitteilung senden: »Hast du das auch bemerkt?« oder »Ich weiß, ich sollte eigentlich, aber ich muss noch kurz ...«
- Interesse an anderen bekunden, Freude, Konzentration, gespannte Erwartung zeigen

Aus den vorhergehenden Kapiteln kennen Sie bereits die unterschiedlichen Blicke, die bei bestimmten Emotionen, einem bestimmten Verhalten gezeigt werden.

Nachfolgend möchte ich diejenigen nochmals kurz aufgreifen, die ich auch meinen Kursteilnehmern besonders ans Herz lege. Einfach weil es in vielen Alltagssituationen ausgesprochen hilfreich ist, wenn diese Blicke (und die dazugehörigen Körpersignale) rechtzeitig bemerkt werden.

Meine Hinweise: »Lass ihn nicht so schauen!« (fixierende Blicke), »Er fragt dich!« oder »Er schweift ab« (wenn der Hund zunehmend Interesse an Umweltreizen hat), sind meinen Hundehaltern wohl vertraut. Natürlich besprechen wir dann jeweils, woran sie diese Blicke erkennen und wie auf meinen Wink hin im Einzelnen gehandelt werden sollte.

Er schweift ab, da ist was Interessantes! Um zu bemerken, dass Ihr Hund etwas Spannendes sieht, ist es gut, wenn Sie seinen Normal-Blick kennen.

Entspanntes, normales Schauen, ohne besonderes Interesse an einer bestimmten Sache: die Augen sind normal geweitet, wobei jeder Hund seine individuelle Augenform besitzt und die Blickrichtung wechselt öfters. Der Hund wirkt insgesamt sehr entspannt, die Ohren sind leicht aufgerichtet, die Ohröffnung zeigt mehr oder weniger nach vorne. Die Stirn ist glatt, ebenso der Nasenrücken, der Lippenspalt ist normal lang.

Aufmerksam werden beginnt, wenn sich alle Sinne nach und nach, manchmal auch schlagartig, einer Wahrnehmung zuwenden. Der Kopf ist leicht angehoben, der Blick geht immer öfters und länger in die entsprechende Richtung. Auch die Ohren sind dem Reiz zugewandt, bei Hunden mit Hängeohren werden Veränderungen der Ohrstellung oft nur am Ohransatz sichtbar. Der Hund zieht die Ohrwurzel mehr oder weniger stark nach oben, dadurch wirken die Ohren etwas höher und die Stirn bekommt evtl. leicht Falten. Das Bewegungsmuster verändert sich, manche Hunde werden langsamer, bleiben stehen, andere gehen etwas steifbeiniger oder richten sich auf. Oft reicht dann ein kleiner zusätzlicher Reiz, eine Sekunde länger Blickkontakt und der Vierbeiner reagiert.

Lass ihn nicht so schauen – Fixieren/Fokussieren: Diese besonderen Blicke sind sehr intensiv und gehen mit einer mehr oder weniger angespannten Körperhaltung einher.

Beim Fixieren starrt der Hund ein Gegenüber unentwegt an, seine Augen sind dabei häufig

Rückruf mit Unterbrechung. Die Hündin wird mit großer Wahrscheinlichkeit nicht auf direktem Weg und zügig herankommen. Sie signalisiert sehr deutlich, dass irgendetwas seitlich ihre Aufmerksamkeit erregt. Spätestens jetzt wäre der Zeitpunkt gekommen, sie nochmals ans Herankommen zu erinnern und dabei zu unterstützen.

etwas verengt. Wenn der Vierbeiner neben oder vor Ihnen ist, können Sie den Blick nur erahnen, bemerken aber, dass sein Körper nach vorne geneigt und sein Kopf fast unbeweglich auf den anderen ausgerichtet ist. Dazu kommt eine zunehmende Muskelanspannung und evtl. weitere Drohgesten. Fixieren kann sehr unvermittelt auftreten, entwickelt sich oft aber schleichend: der Hund schaut nur mal kurz, aber bereits in angespannter Haltung, dann werden die Blicke zunehmend häufiger und vor allem intensiver.

Fixierende Blicke gehört zum Drohverhalten, der Hund signalisiert seinem Gegenüber: »Ich will nicht, dass du näher zu mir herankommst, bzw. ich möchte, dass du weg gehst.« Typische Situationen hierfür sind: Begegnungen, oftmals dann, wenn der Hund den Entgegenkommenden über längere Zeit beobachten kann, mehrere Hund-Halter-Teams auf engem Raum zusammenstehen oder sich jemand dem Vierbeiner immer dichter annähert. Der Hund hat das Recht zu sagen, dass er den anderen »weghaben« möchte und Sie haben die Pflicht ihn entweder erst gar nicht in diese Lage zu bringen bzw. ihm zu zeigen, wie er damit umgehen könnte, ohne dass es zu weiteren Aggressionen kommt.

Von Fokussieren spricht man, wenn der Hund eine bestimmte Wahrnehmung unablässig im Blick behält, beispielsweise eine tatsächliche oder vermeintliche Jagdbeute oder einen Artgenossen, den er belauert. Auch hierbei neigt er seinen Körper leicht nach vorne, die Muskelanspannung ist erhöht und kann im Verlauf des Fokussierens immer mehr zunehmen.

Die Halterin des braunen Vierbeiners weiß, dass sie ihn JETZT ansprechen und seine Aufmerksamkeit umlenken muss ...

... dies gelingt gut und vor allem rechtzeitig, der Hund wendet sich ihr zu und konzentriert sich auf sie.

Der Hund möchte das, was er da so genau beobachtet, nicht »weghaben«, sondern ist voll konzentriert darauf, um im richtigen Moment tätig zu werden.

Gerät ein Artgenosse solchermaßen in den Fokus ist das alles andere als angenehm und fühlt sich vermutlich sehr bedrohlich an. Gerade kleine oder flink herumwuselnde Hunde werden häufig »so« angeschaut und reagieren darauf, in dem sie flüchten, erstarren oder drohen, worauf dann wiederum der fokussierende Vierbeiner reagiert. Für die Menschen kommen die Reaktionen beider Vierbeiner meist unerwartet: Da ist doch nichts passiert, warum ist der Kleine so aufgeregt, der andere hat doch nur geschaut?

Nachfragen, beobachtende Blicke: Hunde haben im Laufe ihrer Entwicklungsgeschickte gelernt, mit Menschen zusammenzuarbeiten, ihre Hinweise aufzugreifen und bei ihnen nachzufragen, wie in einer bestimmten Situation gehandelt werden kann. Auch wissenschaftlichen Versuchsreihen beschreiben, was für viele Hund-Mensch-Teams gängiger Alltag ist: Hunde reagieren auf bestimmte Zeigegesten des Menschen oder wenden sich Menschen zu und bitten durch Blickkontakte um Unterstützung, wenn sie vor nicht lösbare Probleme gestellt werden. Wenn Ihr Hund bei Ihnen nachfragt, zeigt das, dass er Ihnen vertraut, die Erfahrung gemacht hat, dass Sie wissen was zu tun ist und er mit Ihrer Unterstützung rechnet. Lassen Sie ihn dann nicht im Stich.

Hunde fragen nicht nur uns Menschen um Rat, ihr Blick geht auch zum vertrauten Artgenossen, um zu schauen, wie dieser mit der Situation umgeht oder dessen Stimmung ist.

Beobachtende Blicke bestehen oft nur aus einem angedeuteten Seitenblick, manchmal haben sie einen leicht fragenden Unterton, so nach dem Motto: Hast du das auch wahrgenommen? Hast du bemerkt, dass ich ruhig geblieben bin, obwohl die Katze den Weg gekreuzt hat? Sie können eine Art Statement sein: schau her ich wälze mich gerade, markiere oder buddle den Rasen um. Oder eine kurze Information geben wie: Ja, ich komme gleich, ich muss nur noch schnell ...!

Blickkontakt – das Zünglein an der Waage: Häufig können Hunde eine Begegnung oder ein dichtes Nebeneinander beispielsweise für ein Foto gut meistern bzw. sich gerade noch beherrschen, solange kein Blickkontakt untereinander besteht. Sobald sie sich anschauen, wirkt der direkte Blickkontakt wie eine Distanzverringerung und dem Hund ist es nicht mehr möglich auf diese – nun plötzlich geringe – Distanz ruhig zu bleiben.

Oder, der Hund lernt gerade, ruhig neben Ihnen zu warten, auf seiner Decke zu bleiben oder bei einer Platz-Übung so lange zu verharren, bis Sie ihn freigeben. Selbst wenn ihm das bereits gut gelingt, wird es für ihn schwieriger, sobald Sie ihn dabei anschauen. Ihr Blick ist für den Hund wie eine Kontaktaufnahme: er steht auf, kommt zu Ihnen, vielleicht bleibt er auch auf dem zugewiesenen Platz, wedelt aber im Liegen und wartet darauf, ob Sie ihn zu sich rufen.

Umgekehrt kann Ihr Blick in einem solchen Moment den Hund auch beruhigen und bestätigen, dass sein ruhiges warten genau richtig ist.

Jagdverhalten erkennen

Jagdverhalten stammt aus dem Funktionskreis des Nahrungserwerb und ist genetisch verankert, auch wenn unsere Haushunde schon längst nicht mehr darauf angewiesen sind, sich selbst Nahrung zu beschaffen. Jagen besteht aus einer Verhaltenskette von mehreren Sequenzen: Ausschau halten - Wahrnehmen – Fixieren/Fokussieren – Anschleichen – Hetzen – Festhalten/Packen – Töten – Zerlegen – Fressen.

Beim Jagen werden Hormone ausgeschüttet, welche die Erregung des Hundes im Verlaufe der Jagd immer stärker ansteigen lassen. Er ist völlig auf sein Tun fixiert, nimmt Unannehmlichkeiten und Schmerzen nicht mehr zur Kenntnis, drängt sich durch dichtes Gebüsch, ignoriert Dornen und andere Widrigkeiten oder stürzt sich in den Kampf mit einem wehrhaften Wildtier. Erst mit beenden der Jagt klingt die Erregung langsam wieder ab.

Durch gezielte Zucht hat sich das Jagdverhalten und seine Ausprägung im Laufe der Zeit erheblich verändert. Manche Vierbeiner zeigen kaum mehr Interesse an Beute, bei anderen wurden bestimmte Sequenzen des Jagdverhalten besonders gefördert, wie z.B. das Vorstehen, Apportieren oder Hüten.

Körpersprache und Verhalten beim Jagen

Im Idealfall bemerken Sie frühzeitig, dass sich Ihr Vierbeiner gerade auf die Suche nach einer Jagdbeute macht bzw. dabei ist auf einen entsprechenden Reiz zu reagieren. In dieser Phase können Sie meist noch rechtzeitig eingreifen. Wenn der Hund das Jagdobjekt bereits beschleicht oder hetzt, wird es schwierig ihn noch zu beeinflussen, der so Gejagte ist in großer Not und gerät in erheblichen Stress. Selbst wenn es sich dabei nur um ein Fahrzeug handelt, kann es für den jagenden Vierbeiner und andere gefährlich werden, wenn er beispielsweise auf die Straße rennt oder Sie an der Leine unvermittelt mitreißt.

Ausschau halten, Beute wahrnehmen, fokussieren: Viele Vierbeiner suchen aktiv nach Beute, sie stöbern, verfolgen Spuren oder halten gezielt Ausschau. Wird der Hund bewusst zur Jagd-Arbeit geschickt, fällt von Anfang an die hohe Konzentration auf, mit welcher er seiner Aufgabe nachkommt. Im Alltag ist das Ausschau halten nach Beute nicht gleich so offensichtlich, wir empfinden es eher als ungerichtet, wenn der Hund mal da seine Nase kurz ins Gebüsch steckt, hier mal schnuppert oder dort ein wenig buddelt, bis dann zunehmend immer mehr Spannung in den Hundekörper kommt und sein Tun deutlich zielstrebiger wird.

Manche Hunde reagieren auf einen plötzlich auftauchenden Bewegungsreiz und rennen dann fast ansatzlos hinterher, oft ohne genau zu wissen, was sie da gerade verfolgen. Und bei einigen lösen bestimmte Töne wie Quietschen, Kreischen oder Piepsen das Jagdinteresse aus.

Die ersten, wenn auch nur minimalen Auffälligkeiten, nachdem der Hund etwas Interessantes entdeckt hat:

- Erhöhte Körperspannung, oft verharrt der Hund kurz in der Bewegung, manchmal zittert er leicht, hebt den Kopf und richtet Augen und Ohren in die Richtung des wahrgenommenen Reizes, die Augen sind weit geöffnet und der Fang ist geschlossen.

Einige Vierbeiner verharren in der sogenannten Vorstehhaltung, in welcher sie mit angehobener Vorderpfote reglos stehen bleiben und unverwandt in Richtung Jagdobjekt schauen.

- Bei optischen oder akustisch Wahrnehmungen sucht er oft die Umgebung mit den Augen ab und hält die Nase in den Wind, um den Reiz auch geruchlich zu orten.
- Handelt es sich um eine Spur, verfolgt er diese anfangs evtl. noch etwas bedächtig, meist saugt er sich dann mit der Nase regelrecht fest und verfolgt die Spur immer zügiger. Dabei können sich die Nasenflügel sichtbar aufblähen und manches Mal ist das Einatmen hörbar. Die Rute wird waagerecht oder etwas oberhalb der Rückenlinie getragen und pendelt evtl. leicht hin und her. Oft läuft der Hund nicht genau auf der Spur, sondern im Zick-Zack, um den Geruchskorridor besser eingrenzen zu können.

Sobald der Hund die Jagdbeute ausgemacht hat, erhöht sich seine Körperspannung weiter und er richtet sich mit seinem gesamten Körper auf den Reiz aus – er fokussiert.

Anschleichen und Hetzen: Diese Sequenzen lassen sich im Umgang mit Spielbeute beobachten oder ab und an auch beim Jagdspiel mit Artgenossen. Im ersthaften Kontext sollten sie im Alltagsgeschehen nicht vorkommen.

- Nach dem der Hund den Standort der Beute geortet hat, nähert er sich ihr behutsam, teilweise im Zeitlupentempo. Er setzt seine Pfoten einzeln und sehr bewusst und vermeidet dabei möglichst jedes Geräusch.
- Seine Körperspannung ist unverändert hoch,

der Kopf ist gesenkt mit Blick auf die Beute. Ab und an verharrt er kurz, zeigt evtl. nochmals ein leichtes Vorstehen.

- Wenn die Beute flüchtet, setzt er in langen, flachen Springen nach. Dieses Hetzen erfolgt in hohem Tempo und auch hierbei bleibt der Körper eher gerade und mit hoher Anspannung weiter auf das Jagdobjekt ausgerichtet. Manche Vierbeiner beenden die Jagd nach einer kurzen Strecke, andere hetzen ihre Beute über viele Kilometer.

Festhalten, erlegen und zerlegen: Zu dieser Endhandlung darf es nur im erlaubten Umgang mit einer Ersatz-Spielbeute kommen.

Hat der Hund die Beute erreicht, packt er sie mit weit geöffnetem Fang und hält sie fest. Manchmal trägt er sie noch etwas umher oder schüttelt sie. Dabei hält er den Kopf hoch, auch die Rute ist angehoben. Dann folgt das Zerlegen, dazu hält er den Gegenstand meist mit den Pfoten fest und zerrupft sie mit ruckartigen Bewegungen.

Lautäußerungen beim Jagen: Beim Wahrnehmen einer Beute fangen manche Hunde an aufgeregt zu winseln, fiepen, einige bellen oder schreien sogar.

Jagdhunde auf der Spur verfolgen das Wild oft mit einem charakteristischen Bellen, das als Spurlaut bezeichnet wird und dem nachfolgenden Menschen zeigt, wo sich der Hund und somit auch das Wild befindet. Im Unterschied zum normalen Bellen klingt der Spurlaut höher, es ist teilweise eine Art Heulton, der auch in Jaulen übergehen kann. Manche Hunde Jiffeln dabei, das hört sich an wie eine Mischung aus Fiepen und Bellen.

Jagen ist kein Spiel

Die ersten Jagdversuche des Junghundes mögen tollpatschig wirken und erfolglos sein, aber der Kleine übt schon mal - und Übung macht den Meister. Überlegen Sie, ob es nicht besser ist, bereits den Anfängen zu wehren und Regeln aufstellen. Die Tatsache, dass der Vierbeiner noch keinen Jagderfolg hat, ist nicht ausschlaggebend. Für manche Hunde ist bereits das Aufstöbern von Wild ein Erfolg und besonders das Nachhetzen ist für viele eine sehr befriedigende und lohnende Sache, auch wenn sie am Ende nie ein Tier erwischen.

Für Wildtiere ist es extrem belastend, wenn sie aufgescheucht und gehetzt werden, selbst dann, wenn der Hund nur kurz hinterherrennt. Es bringt sie in gefährliche Situationen und kann auch noch im Nachhinein zu Todesfällen führen, beispielsweise durch Herzschlag oder Früh- bzw. Todgeburten bei trächtigen Tieren.

Gejagt wird nicht nur eine potentielle Beute, sondern auch Spielzeug, Fahrzeuge, sich schnell bewegende Objekte, herumwuselnde kleinere Artgenossen oder kreischende, springende Kinder. Weil Jagen mit einer gewissen Aufregung und einem hinstreben zum Jagdobjekt verbunden ist, wird die jagdlich orientierte Annäherung an einen Artgenossen oder ein Kind oft als freudige Aufregung oder Spiel missverstanden.

Beim Jagen findet keine Kommunikation statt zwischen Jäger und Jagdobjekt, das wäre für den Jagderfolg auch recht hinderlich. Daher werden selbst Demutsgesten, die beispielsweise ein ernsthaft gejagter Artgenosse zeigt, um sich vor einem weiteren Angriff zu schützen nicht beachtet.

Jagen ist kein Spiel, weder für den jagenden Vierbeiner noch für den Gejagten.

Ein jagender oder zum Jagen neigender Vierbeiner benötigt im Umgang sehr viel Sorgfalt.

Buddeln und Mäuse jagen

Manche Vierbeiner buddeln für ihr Leben gerne und geraten ab und an sogar richtig gehend in eine Art Buddel-Rausch. Meist ausgelöst durch ein Geräusch, einen Geruch oder auch eine sichtbar durchs Gras huschende Maus. Für ihre Halter stellt sich dann die Frage, ob sie ihrem Hund diese Freude gönnen sollen oder doch besser verbieten und auch die Überlegung, ob ein solches Verhalten bereits Jagen ist oder es eine andere Ursache dafür gibt.

Tatsächlich graben Hunde aus unterschiedlichen Gründen. Beispielsweise um Stress abzubauen, als Übersprungshandlung, um ihren Knochen oder Spielzeug zu verbuddeln, sich einen kühlen, komfortablen Liegeplatz zurecht zu machen und häufig auch aus Langeweile und Unterbeschäftigung. Manche haben bereits gut erkannt, dass sich ihr Mensch sofort mit ihnen beschäftigt, sobald sie im frisch eingeebneten Beet buddeln oder den Rasen umgraben.

Buddeln auf der Suche nach Mäusen ist eine Art des Jagens, verläuft jedoch nach einem etwas anderen Schema als die Jagd nach Hase oder Reh. Deshalb bedeutet es nicht automatisch, dass ein nach Mäusen buddelnder Vierbeiner auch andere Tiere jagt. Die Mäusejagt beginnt mit zwar ebenfalls dem Wahrnehmen der Beute, der Hund ortet sie über das Gehör oder die Augen. Dem folgt sofort das Buddeln mit den Pfoten, wobei teilweise große Grasbüschel mit der Schnauze herausgerissen werden. Sollte er den Nager ausgraben, wird er ihn vermutlich auch packen.

Die Entscheidung, ob, wo und wie lange Sie Ihren Hund buddeln lassen, kann Ihnen niemand abnehmen. Hier ein paar Überlegungen, die als Entscheidungshilfe dienen können:

- Buddeln macht Spaß und ist eine natürliche Beschäftigung für den Vierbeiner. Er bleibt, abgesehen von seiner Suche nach Mauselöchern in einem überschaubaren Umfeld und dadurch für den Hundehalter erreichbar.
- Buddeln kann süchtig machen, manche

Der Hund ortet die Maus mit den Augen und dem Gehör.

Beim sogenannten Mäuselsprung springt der Hund mit allen vier Beinen in die Höhe und lässt sich dann auf die Beute fallen.

Vierbeiner sind kaum mehr ansprechbar und schon gar nicht mehr abrufbar. Ihr Fokus ist bei jedem Spaziergang in entsprechender Umgebung nur noch darauf ausgerichtet wieder ein Mauseloch zu finden. Es kann dann anstrengend und nervend sein, wenn man seinen Hund ständig zum Weitergehen auffordern oder von der Buddel-Stelle abrufen muss.

- Ständiges und intensives buddeln ist recht belastend für den Vorderkörper des Hundes, und das Fressen der Nagetiere kann zu Verdauungsprobleme oder gesundheitlichen Beeinträchtigungen führen
- Buddel-Löcher stellen eine erhebliche Verletzungs-Gefahr für andere dar und buddeln auf bearbeiten Äckern, Wiesen, in Parkanlagen oder fremden Vorgärten ist tabu. Die Freiheit und der Spaß für den Hund endet da, wo andere beeinträchtigt werden.
- Auch die Perspektive der Maus kann in die Überlegung mit einbezogen werden: sie möchte sicher nicht ausgebuddelt, gejagt und gefressen werden

Ein Fazit könnte sein: Der Hund darf buddeln, aber nicht ständig und überall und nur dann bzw. solange er noch ansprechbar bleibt. Die entstehenden Löcher werden wieder eingeebnet, damit sie nicht zu Stolperfallen für andere werden.

Wenn Sie den Eindruck haben, dass buddeln für Ihren Hund sehr wichtig ist, könnten Sie ihm geeignete Stellen dafür anbieten. Er bekommt beispielsweise bestimmten Buddel-Platz im Garten und darf dort für ihn versteckte Gegenstände suchen.

Botschaften empfangen und hinterlassen

Hunde markieren, scharren, schnüffeln, wälzen sich teilweise mit großer Ausdauer und Intensität und das oft an Stellen, an denen wir Hundehalter nichts besonders erkennen. Für den Hund aber scheint es gerade hier interessant zu sein. Er »liest Zeitung« wie es so schön beschrieben wird, denn ähnlich wie wir mit den Augen Zeile um Zeile lesen, so erschnuppert sich der Hund Stück für Stück Informationen, besonders über Artgenossen, die hier vorbeigekommen sind. Oftmals hinterlässt er dann seinerseits einige Hinweise zu sich selbst.

Der individuelle Körpergeruch spielt in der Kommunikation unter Hunden eine große Rolle, denn er enthält eine Fülle an Informationen. Er wird über die Haut und Pfoten verteilt und durch den Kot- und Urinabsatz hinterlassen.

Markieren

Beim Markieren platzieren Hunde ihren Geruch sehr bewusst, je wichtiger ihnen dies ist, umso sorgfältiger suchen sie sich den Platz dafür aus. Manche schnuppern ewig, bis sie eine geeignete Stelle für ein paar Tropfen Urin gefunden haben, andere suchen gezielt nach Punkten, die sie übermarkieren können und einige wollen keinesfalls einen Platz, an dem schon ein Artgenosse war. Besonders beliebt sind Baumstämme, Laternenpfähle, Mauern, Steine oder Büsche, weil hier der Urin an erhöhter Stelle angebracht werden kann.

Markierverhalten beginnt mit der Geschlechtsreife, junge Hunde urinieren in der Regel im Hocken. Viele Rüden könnten ständig markieren bzw. sich für die Botschaften der Artgenossen interessieren, wenn man sie gewähren ließe. Allerdings gibt es auch Rüden, die kaum das Bedürfnis dazu verspüren, sie urinieren weiterhin im Stehen bzw. leicht hockend und an unauffälligen Stellen. Hündinnen markieren ebenfalls, manche heben dabei auch ansatzweise das Bein, allerdings nicht so ausgeprägt wie Rüden. Ihr Markierverhalten besteht meist darin, dass sie häufig kleine Mengen an Urin absetzen, bei vielen Hündinnen besonders ausgeprägt vor oder während ihrer Läufigkeit.

Urinieren und Koten dient neben dem Sich-Lösen auch dazu, Botschaften über sich selbst zu hinterlassen. Zusammen mit den Ausscheidungen werden Duftstoffe und beim Kotabsatz noch zusätzlich die Sekrete der Analdrüsen abgesetzt. Diese Geruchskomposition informiert Artgenossen über das Alter, den gesundheitlichen Zustand, das Geschlecht und bei Hündinnen darüber, ob sie gerade läufig sind bzw. werden. Bestimmte Botenstoffe (Pheromone) dienen beispielsweise als Lockstoffe für Sexualpartner.

Manchmal vertiefen sich Hunde sehr intensiv in eine Geruchsstelle und lecken daran. Beim Schnüffeln ziehen sie die obere Lefze etwas hoch, geben mit leicht geöffnetem Maul und etwas heraushängender Zunge schmatzende Geräusche von sich oder klappern mit den Zähnen. Vor allem Rüden zeigen dies, wenn sie eine Hündinnen-Markierung ausführlich beriechen. Durch das besondere Riechverhalten werden die Geruchsstoffe in das Jacobson Organ transportiert, das für eine differenzierte Verarbeitung der olfaktorischen Reize zuständig ist.

Bei Hunden, die sich gut kennen oder die zusammen leben sieht man häufig, dass sie gleichzeitig nebeneinander urinieren oder auch nacheinander an derselben Stelle markieren. Dieses gemeinsame Markieren signalisiert den Zusammenhalt und ist dazu gedacht einen Platz gemeinsam zu kennzeichnen. Die Hunde bewegen sich dabei sehr gelassen und gehen entspannt miteinander um, es fehlt jegliches Imponierverhalten oder gegenseitiges Belauern.

Manchmal markieren Hund beim Zusammentreffen mit bekannten Artgenossen. Sie begrüßen sich, ein Hund uriniert, der andere markiert diese Stelle ebenfalls, sie riechen abwechselnd daran und urinieren evtl. erneut. Die Vierbeiner verhalten sich dabei ganz entspannt, das Markieren hat in diesem Fall den Zweck Informationen über die jeweilige Befindlichkeit auszutauschen.

Markieren wird auch als Ergänzung zum Imponieren beim Zusammentreffen mit Artgenossen eingesetzt. Einige Hunde markieren, um damit ihren Besitz, ihr Territorium zu kennzeichnen.

Scharren

Nachdem der Hund markiert oder Kot abgesetzt hat, folgt häufig ein intensives Scharren mit den Hinterpfoten. Dieses Verhalten zeigen sowohl kastrierte wie unkastrierte Rüden und auch Hündinnen. Wozu dient das? Oft wird vermutet, der Hund sei reinlich und darauf bedacht seine Hinterlassenschaften zu vergraben. Das Bedecken von Exkrementen macht sicher Sinn, um ein Areal sauber zu halten und die Ausbreitung von Krankheitserregern möglichst gering zu halten. Beim Hund scheint das Scharren jedoch einen anderen Zweck zu verfolgen. Schaut man genau hin, sieht man, dass er dabei mehr verstreut als bedeckt. Da wird heftig Erde aufgewühlt, manchmal fliegen ganze Grasbüschel durch die Gegend und kaum ein Hund trifft mit dem Scharrgut exakt die zuvor markierte Stelle. Das lässt den Schluss zu, dass es ihm darum geht, seinen Geruch möglichst weit zu verbreiten. Durch das intensive über den Boden scharren hinterlässt er zudem noch Duftstoffe aus seinen Schweißdrüsen an den Pfoten und fügt so dem Duft seiner Ausscheidungen weitere Informationen bei. Er will im Prinzip mitteilen: »Hallo, ich war HIER!«

Hunde scharren auch, wenn sie einem Artgenossen oder Mensch imponieren bzw. ihn auf sich aufmerksam machen möchte. Die Körpersprache des Vierbeiners ist in diesem Moment sehr präsent, er steht aufrecht, hält die Rute nach oben, ehe er zu scharren beginnt, die Ohren sind nach vorne gerichtet und manchmal knurrt er leicht. Oft schaut er dabei auch in Richtung desjenigen, dem seine Botschaft gilt. Falls diesem das Markieren entgangen sein sollte, das auffällige Scharren bekommt er nun sicher mit.

Wenn der Hund in der Wohnung scharrt, fällt dies eher in den Bereich des Buddelns. Er gestaltet damit den Liegeplatz nach seinen Bedürfnissen oder hat z.B. in den Ritzen der Bodendielen oder hinter der Wandleiste einen Geruch, ein Geräusch wahrgenommen, das er nun etwas genauer untersuchen möchte.

Sich wälzen

Hunde wälzen sich oft aus einem einfachen Grund: Weil es ihnen guttut! Sie sind entspannt, fühlen sich wohl und zeigen das, indem sie sich genüsslich im Gras, auf dem Teppich, im Schnee oder Sand wälzen. Nach dem Schwimmen wälzen sich viele Hunde auf der Wiese ausgiebig trocken, nachdem sie sich kurz geschüttelt haben. Bei einigen ist das Wälzen Ausdruck

Wälzen macht Spaß und tut gut.

Hunde müssen Hund sein dürfen und schnüffeln, rennen, markieren und sich wälzen. Aber es muss es nicht immer und überall sein! Sinnvoll ist ein Signal, mit dem Sie Ihrem Hund mitteilen, dass er jetzt frei hat und seinen Bedürfnissen nachgehen darf. Und entsprechende Signale, die ihm sagen, dass Sie jetzt ein bestimmtes Verhalten von ihm wollen bzw. nicht möchten.

Greifen Sie auch dann ein, wenn Ihr Hund das Verhalten übermäßig häufig zeigt und das Interesse zunehmend zum Stress wird. Einige Hunde markieren beispielsweise so häufig, dass sie kaum mehr entspannt laufen können oder schnüffeln so exzessiv, dass es fast zwanghaft erscheint.

von Zufriedenheit und Entspannung nach einer anstrengenden oder aufregenden Arbeit.

Wälzen ist zudem eine Möglichkeit, auf sich aufmerksam zu machen oder ein gewisses Maß an Selbstsicherheit zu demonstrieren. Ein sich intensiv wälzender Vierbeiner fällt einfach auf, dem Artgenossen, genauso wie uns Menschen. Je nach Situation finden wir sein Verhalten putzig oder kommen eilends herbei, um nachzusehen, ob er sich evtl. auf etwas sehr übel Riechendem wälzt, in den meisten Fällen kommentieren wir es und der Hund bekommt Aufmerksamkeit. Manchmal schickt der Hund dabei kleine Seitenblicke zu den Anwesenden. Dieses Wälzen ist aber nicht unbedingt gleich eine Einladung zum beschnuppert oder gestreichelt werden, viele möchten sich in diesem Moment nur präsentieren.

Wenn sich der Hund in Aas, Fäkalien oder ähnlich übelriechenden Dingen wälzt, kann dies auch dazu dienen, die anderen auf sich und den Geruch aufmerksam zu machen. Der Hund parfümiert besonders die Stellen sehr intensiv, die von Artgenossen beim Zusammentreffen als ersten beschnüffelt oder von Menschen gerne gekrault werden: den Hals- und Nackenbereich, den Rutenansatz, oft reibt er mit der Schnauze und den Wangen in kleinen wälzenden Bewegungen ausführlich über die Geruchsstelle. Auch die Körpersprache nach dem Wälzen spricht dann für ein auf sich aufmerksam machen oder hat sogar Imponier-Charakter. Der Hund springt auf, rennt zu seinem Menschen oder dem Artgenossen, drückt sich evtl. an sie oder bewegt sich im Imponier-Trab an ihnen vorbei.

VON HUND ZU MENSCH – VON MENSCH ZU HUND

Hunde begleiten den Alltag des Menschen schon seit tausenden von Jahren. Aus einer zunächst eher losen und rein zweckgebundenen Gemeinschaft entwickelte sich eine immer engere Verbindung und Verbundenheit. Aufgrund seiner speziellen Fähigkeiten wurde der Hund zu einem wichtigen Helfer bei der Jagd, beim Hüten von Haus- und Weidetieren und erwies sich als zuverlässiger Beschützer für Hab und Gut. Sein hochentwickeltes Sozialverhalten, die Fähigkeit, sich ein eine Gruppe einzugliedern und Kontakt zu halten kommt unserem Bedürfnis nach Gemeinsamkeit sehr entgegen. Hunde können mit ihren Menschen so enge soziale Bindungen eingehen, wie mit einem Artgenossen und für manche steht sogar der Mensch als Sozialpartner an erster Stelle.

Hunde und Menschen haben im Laufe ihrer gemeinsamen Geschichte viel übereinander und miteinander gelernt und lernen immer noch weiter dazu. Dennoch reden sie ab und an aneinander vorbei oder stehen sich etwas ratlos gegenüber, weil sie die Signale und

Verhaltensweisen des anderen nicht einordnen können. Wobei beide dasselbe Handicap haben: Hund und Mensch gehen in manchen Momenten davon aus, dass der andere gerade genau gleich denken, empfinden oder handeln müsste, wie sie selbst.

In diesem Kapitel greife ich einige der Punkte auf, die ganz oben auf der Übersetzungs-Wunschliste meiner Hundefreunde standen. Sie decken bei weitem nicht alle Bereiche des Miteinanders ab, geben aber einen weiteren Einblick in das Verhalten unserer vierbeinigen Begleiter und können dazu beitragen, Missverständnisse frühzeitig zu bemerken und auszuräumen. Dabei kann und will ich keine Gebrauchsanweisung geben für den perfekten Umgang mit dem Vierbeiner, auch wenn sich dies mancher Hundehalter wünschen würde. Das Zusammenleben ist so viel mehr, als Erziehungs-Tipps zu bekommen, Regeln zu befolgen und Wissen zu erwerben, wenn gleich diese Punkte natürlich von Bedeutung sind. Zusammenleben bedeutet im Kontakt miteinander zu sein und sich aufeinander einzulassen. Die Verbindung von Hund und Mensch ist etwas ganz Besonderes und sehr individuelles und nicht immer lässt sich alles bis ins kleinste Detail beschreiben und erklären.

Unsere Mitteilungen aus Hundesicht

Für Menschen ist die Sprache das Mittel zur Verständigung, auch im Umgang mit dem Vierbeiner. Wir loben oder tadeln ihn mit Worten, geben überwiegend verbale Anweisungen und reden mit ihm, um unsere Zuneigung zu zeigen. Aus Hundesicht kommunizieren wir viel umfänglicher. So erhält der Hund gleichzeitig mit einer verbalen Mitteilung viele Informationen über den Menschen durch die Tonlage, Lautstärke, Sprechgeschwindigkeit, Mimik, Gestik, Körperspannung oder den Atemrhythmus.

Die Bedeutung der verbalen Signale muss er erst erlernen, unsere Stimmung hingegen erfasst er dank seiner Sensibilität besser als uns lieb ist. Er bemerkt sofort, dass wir verunsichert, angespannt, aufgeregt sind, obwohl wir nach außen hin doch ganz cool wirken und spürt, ob die ihm gegenüber gezeigten Emotionen echt oder vorgetäuscht sind. Auch unsere Körpersprache stellt für ihn im Prinzip keine Herausforderung dar, das ist seine Muttersprache, da macht ihm keiner etwas vor. Die Schwierigkeit liegt darin, dass er sie in manchen Momenten so wahrnimmt, wie sie unter Hunden verwendet wird und nicht wie wir sie gemeint haben. Dieses »Verhundlichen« passiert nicht nur jungen oder wenig menschen-sprach-erfahrenen Tiere, auch gut mit Menschen sozialisierte und ausgebildete Vierbeiner fallen in dieses Muster, besonders wenn sie verunsichert oder sehr aufgeregt sind.

Es hängt zudem von der Situation und dem jeweiligen Hund ab, in welcher Weise und in welchem Maß er die Signale des Menschen wahrnimmt und bewertet. Manche achten auf jede noch so kleine Bewegung, andere reagieren sehr sensibel auf Veränderung im Tonfall und der Lautstärke. Auch die Vorgeschichte des Vierbeiners kann seine Wahrnehmung beeinflussen. Wenn er eine bestimmte Geste des Menschen mit schlechten Erfahrungen verbindet, wird er diese anders bewerten als ein Hund, für den diese Bewegung noch keine Bedeutung hat. Manche Straßenhunde weichen z.B. sofort aus oder zeigen Demutsgesten, sobald ihr neuer Besitzer den Arm hebt, weil sie auf diese Weise verscheucht wurden.

Im Idealfall ergeben all unsere Signale ein stimmiges Gesamtbild, schwierig wird es, wenn sie nicht zusammenpassen oder sich gar widersprechen. An welchen Zeichen soll sich der Hund orientieren? Die meisten entscheiden sich dann für die Mitteilungen, die für sie am einfachsten zu erkennen sind und ihnen aus ihrer Sicht die verlässlichsten Informationen geben. Und das sind dann oftmals nicht die Signale, denen wir gerade den höchsten Stellenwert beimessen.

Die folgenden Beispiele zeigen, warum Hunde unsere Mitteilungen oft anders verstehen und umsetzen, als wir dies gerne hätten und wie Sie dann reagieren können.

Missverständnis beim Rückruf

Der Rückruf ist ein schon fast klassisches Beispiel dafür, wie sehr Hund und Mensch aneinander vorbeireden können. Jeder kommuniziert in seiner Sprache und bewertet die Signale des anderen aus seiner Sicht.

Sie rufen Ihren Hund zum wiederholten Male, während dieser weiterhin über die Wiese schnüffelt – langsam werden Sie ungeduldig und sollten sich dann auch noch Spaziergänger nähern, steigt Ihre Anspannung. Warum lässt er sich so viel Zeit?

Sie haben sich endlich getraut, den Vierbeiner von der Leine zu lassen und beobachten jetzt leicht nervös wie weit sich dieser entfernt oder wann er eine Ablenkung am Horizont bemerken könnte – sicherheitshalber rufen sie ihn schnell zu sich. Warum schaut er sich erst einmal nach alles Seiten um?

Sie üben den Rückruf unter Beobachtung oder sollen ihn bei einer Prüfung unter Beweis stellen und sind, wenn auch vielleicht nicht nach außen hin sichtbar, etwas aufgeregt. Warum nähert er sich nicht so zügig und formvollendet wie geübt?

Das Ganze aus Hundesicht: Er hört zum einen das erlernte, akustische Signal, welches ihm sofortiges Herkommen anweist. Aber Ihre Körperhaltung, Gesten, Ihr Tonfall sprechen dagegen, sie wirken aus seiner Sicht unsicher, angespannt, bedrohlich. Und jemand mit einer solchen Ausstrahlung nähert man sich als Hund nur zögernd, beschwichtigend oder wartet ab, bis sich die Lage wieder beruhigt. Evtl. signalisieren Sie so viel Besorgnis, dass der Hund erst einmal innehält, sich umschaut und selbst davon überzeugt, was den Alarm ausgelöst haben könnte.

Wenn das Signal sicher etabliert ist und der Vierbeiner das Zurückkommen bisher überwiegend mit positiven Gefühlen verbunden hat, wird er vermutlich trotz Ihrer Anspannung und widersprüchlichen Signale herankommen. Weil er aber gleichzeitig Ihre körpersprachlichen Signale berücksichtigt und auf Hundeart richtig darauf reagiert, beschwichtigt er beim Herbeikommen. Er wird langsamer, läuft nicht direkt auf Sie zu, sondern nähert sich im Bogen von der Seite her. Je nach Hundepersönlichkeit fallen die Beschwichtigungsgesten mehr oder weniger deutlich aus oder gehen in Fiddeln über, der Hund springt vor Ihnen hin und her, umkreist Sie oder versucht mit einer angedeuteten Vorderkörpertiefstellung die Situation zu deeskalieren. Das wirkt wie Ungehorsam und kann zu weiteren Missverständnissen führen.

Weiß der Hund noch nicht so genau, was er tun soll oder ist unsicher im Kontakt mit Menschen, ignoriert er unter Umständen das verbale Signal gänzlich und beachtet nur die Körpersprache. Er bleibt in sicherem Abstand, bis sein Mensch wieder entspannter ist.

Wenn Sie aneinander vorbeireden, liegt es an Ihnen, wieder für klare Verhältnisse zu sorgen. Halten Sie kurz inne und sammeln Sie sich. Evtl. wird schnell klar, was das Missverständnis ausgelöst hat und was Sie verändern müssen. Halten Sie sich jedoch nicht mit langen Überlegungen auf. Vor allem in kritischen Situationen ist es nötig, dass Sie nach dem kurzen Break so eindeutig wie möglich kommunizieren und den Hund mit dem Signal ansprechen, das für ihn gut wahrnehmbar ist und Aussicht auf Erfolg hat. Später können Sie die Situation dann in Ruhe reflektieren:

Welche Mitteilung hemmt das Zurückkommen? Um Ihre unbewusst verwendeten Signale und die gesamte Körpersprache zu bemerken sind Sie vermutlich auf die Rückmeldung außenstehender oder Bildmaterial angewiesen.

Welche Signale Ihres Hundes übersehen Sie oder schätzen diese falsch ein, z.B. Beschwichtigungsgesten, Zögern, an Ihnen vorbeirennen?

Bedeutet Ihr Rückruf für den Hund, dass sich etwas Spannendes anbahnt? Rufen Sie ihn überwiegend nur dann, wenn sich Spaziergänger, Autos oder Artgenossen nähern oder signalisieren Sie durch Stimme, Haltung und Gestik nur in diesen Momenten ein gewisses Maß an Aufregung?

Herkommen und Hundeknigge: Häufig wird erwartet, dass der Hund beim Heranrufen frontal auf seinen Menschen zu rennt und sich so dicht wie möglich direkt vor ihn setzt. Das ist zum einen praktisch, weil man so direkten Zugriff

Vielen Hunden ist es unangenehm, wenn sich der Mensch über sie oder ihnen entgegen beugt. Sie nähern sich dann nur zögernd oder bleiben etwas auf Abstand. Ausschlaggebend aber ist – wie bei allem – die individuelle Einschätzung des Hundes und die gesamte Körpersprache des Menschen und nicht nur eine einzelne Geste.

Für viele Hunde ist es angenehmer, wenn sie nicht frontal auf ihren Menschen zu rennen müssen, sondern leicht seitlich versetzt auf ihn zu oder sogar an ihm vorbeilaufen und dann im kleinen Bogen neben ihm einparken.

auf den Vierbeiner hat, was viele Hundehalter dann auch sogleich tun, in dem sie ins Halsband greifen und den Hund sichern. Zum anderen wird diese Form des Herankommens oftmals durch eine Prüfungsordnung vorgegeben. Weil aber eine derartige Annäherung unter Hunden als unhöflich gilt, befindet sich der Vierbeiner häufig im Konflikt zwischen Höflichkeit und Gehorsam.

Helfen Sie ihm dabei, sich wohlzufühlen und dennoch dicht zu Ihnen heranzukommen. Im Alltag reicht es meist aus, wenn er zügig herbeikommt und sich dann dicht neben Sie setzt. Einladende Gesten machen ihm das direkte und schnelle Herankommen einfacher: lockere, entspannte Körperhaltung, evtl. ein paar Schritte rückwärtsgehen, sich klein machen, in die Hocke gehen, Oberkörper ein wenig zur Seite drehen und, zumindest in ungefährlichen Momenten, ruhig warten bis der Hund dicht herangekommen ist. Loben nicht vergessen!

Sollte ein korrektes Vorsitzen nötig sein, fällt dies vielen Hunden leichter, wenn es getrennt vom Herankommen geübt und evtl. dafür noch ein gesondertes Signal verwendet wird.

Versteht er mich nicht oder will er nicht?

Warum gehorcht er denn nicht? Diese Frage beschreibt nur recht allgemein eine Situation, in welcher der Vierbeiner nicht das tut, was Sie in diesem Moment von ihn fordern. Betrachten Sie seinen »Ungehorsam« etwas differenzierter, denn bereits die Art des Ungehorsams bietet eine Chance, mehr über seine Beweggründe zu erfahren und gibt Aufschluss darüber, was verändert werden kann. Beispiele:

- Der Hund beachtet die Anweisung nicht und kommt ihr nur zeitverzögert nach – mögliche Ursachen: Er hat die Mitteilung nicht wahrgenommen, ist abgelenkt durch Umwelteinflüsse, hat gelernt, dass Ihre Informationen eher unwichtig sind
- führt die Aufgabe nicht korrekt aus, z.B. SITZ anstatt PLATZ – mögliche Ursachen: Signal und Handlung sind noch nicht sicher miteinander verknüpft, Kommunikations-Missverständnisse, evtl. haben sich Wortsignal und Körperbewegungen widersprochen.
- Der Hund reagiert kurz wie erwünscht, dann »kommt ihm etwas dazwischen« – mögliche Ursachen: abgelenkt durch Umwelt, geringe Konzentrationsfähigkeit und Impulskontrolle, wenig Motivation,

- reagiert nicht oder nur ansatzweise auf die Anweisung und zeigt dabei Übersprungs- oder Beschwichtigungsgesten – mögliche Ursachen: mit der Aufgabe überfordert, unsicher, weil Sie evtl. zu laut, zu forsch waren, beeinträchtigt durch die Umwelt, er muss beispielsweise an etwas vorbeigehen, das ihm Unbehagen bereitet.
- verweigert die Mitarbeit komplett, läuft weg, legt sich hin – mögliche Ursachen: Ihr Verhalten oder die Art und Weise Ihrer Anweisung verunsichern ihn, er weiß nicht, was von ihm erwartet wird (manche Vierbeiner tun dann lieber nichts als etwas Falsches), er fühlt sich gesundheitlich oder mental nicht wohl

Stellen Sie sich auch die Frage: Was genau soll der Hund tun, damit er in Ihrem Sinne folgsam ist? Erst wenn Sie das erwünschte Verhalten exakt definieren, können Sie ihn korrekt anleiten. Sonst bleibt es schwammig und das öffnet Tür und Tor für Abweichungen.

Will er nicht? Befolgt Ihr Hund eine Anweisung erst dann, wenn Sie die Stimme erheben oder ihn mehrfach energisch dazu aufgefordert haben, weil er dann weiß, dass es ernst gemeint ist?

Viele Hundehalter sehen dies als Beweis dafür, dass der Hund sehr genau weiß, was er tun soll, jedoch keine Lust dazu hat. Das ist durchaus möglich, auch Hunde haben manchmal keine Lust oder etwas anderes im Sinn. Sie sind Lebewesen mit eigenen Vorstellungen und keine programmierbaren Maschinen.

Aber – evtl. haben Sie unbeabsichtigter Weise mit dazu beigetragen, dass er Ihre Anweisungen überhört, weil Sie beständig auf ihn einreden. Vielleicht hat er sich daran gewöhnt, dass Sie sehr gestenreich reden und achtet deshalb zunächst kaum auf so kleine Einzelgesten, wie einen dezenten Fingerzeig oder ein fast unmerkliches Kopfnicken.

Wenn er die Erfahrung gemacht hat, dass erst bei Dringlichkeitsstufe drei in der Stimme die Notwendigkeit besteht, etwas aufmerksamer zu werden oder ein Nichtbeachten der Anweisung keinerlei Konsequenz nach sich zieht, ist es nicht verwunderlich, dass er nicht oder nur verzögert reagiert.

Der Hund braucht Ihre Rückmeldung. Er muss erkennen, dass Sie auf ihn und sein Tun achten. Sie bestätigen und loben ihn, wenn er sich wie gewünscht verhält, und Sie sind bereit eine gegebene Anforderung konsequent einzufordern, evtl. mit Abstrichen und vermehrter Unterstützung, aber mit Ruhe und Ausdauer, ohne grob zu werden. Und, wenn Sie etwas mehrfach sagen, bringt meist nicht die Lautstärke und die Wiederholungen den Hund zum Reagieren, sondern die Klarheit. Sie signalisieren durch Ihre Haltung mehr Aufmerksamkeit auf die Sache und Entschlossenheit. Außerdem geben Sie dann eine eindeutige Anweisung, denn bei der x. Wiederholung lassen Sie alle unnötigen Nebenworte weg.

Versteht er nicht? Das ist tatsächlich viel häufiger der Fall, als wir meinen.

Wenn der Hund mit dem Inhalt Ihrer Mitteilung noch nichts anfangen kann, d.h. nicht genau weiß, was er auf ein Signal hin tun soll, müssen Sie es ihm beibringen und zwar so, dass er es nicht nur unter Trainingsbedingungen, sondern auch im Alltag in aufregenden Momenten oder unterschiedlichen Umgebungen umsetzen kann.

Verstanden zu werden tut gut – Hunden sowie uns Menschen. Es ist einfach beruhigend, wenn man erkennt, dass die eigenen Signale beim Gegenüber ankommen und dieser sie nicht nur wahrnimmt, sondern auch versteht und darauf eingeht.

Voraussetzung für das Befolgen einer Anweisung ist, dass der Hund diese so wahrnehmen kann, wie wir sie meinen. Eindeutig zu kommunizieren, fällt schwerer als gedacht und wenn sich der Vierbeiner nicht wie gewünscht verhält, geraten auch unsere Anweisungen schnell außer Kontrolle. Wir geben Worte und Handzeichen wild durcheinander oder verwenden im Bemühen, zu ihm durchzudringen Signale, die keine Bedeutung für ihn haben. Der Hund kann nur noch raten, was wir von ihm möchten. Selbst wenn er die vielen Signale wahrnehmen kann, eine korrekte Umsetzung ist ihm keinesfalls möglich.

Wenn der Hund nicht mehr erkennen kann, was er tun soll, reagiert er auf seine ganz eigene Art und Weise: wird unsicher, hektisch, zeigt Stress- und Übersprungs-Signale, verweigert die Mitarbeit oder bietet alles Mögliche an, in der Hoffnung, dass etwas dabei ist, was Sie zufrieden stellt. Und, je angespannter Sie versuchen, Ihren Hund doch noch zu kontrollieren, umso mehr Missverständnisse entstehen zwischen Ihnen beiden.

Beschränken Sie sich in solchen Momenten auf die Anweisung, die in diesem Moment wirklich benötigt wird. Wenige ruhig und eindeutig vermittelte Signale reichen zunächst völlig aus, der Hund hat eine deutlich bessere Chance, diese zu verstehen und Sie können ihn gezielt bei der Ausführung unterstützen. Überlegen Sie auf welches Signal der Hund jetzt am besten reagieren könnte: ein vertrautes Wort, Ihre ruhige Stimme, die Körperhaltung oder eine bestimmte Geste?

Üben Sie bei Bedarf den Einsatz Ihrer Körpersprache unter Anleitung. Wir können uns kaum vorstellen, auf welche Kleinigkeiten Hunde achten und dass selbst minimale Abweichungen den Gesten eine andere Bedeutung geben oder eine Anweisung unvollständig machen. Beispiel: Sie ergänzen ein verbales Signal durch körpersprachliche Gesten - wie genau sieht das Ganze aus? Geben Sie beispielsweise eine Handgeste mit der linken oder rechten Hand? Spreizen Sie dabei die Finger? Kommen unbewusst noch andere Bewegungen dazu, wie nach vorne beugen, stehen bleiben, sich zum Hund drehen? All dies wird für den Hund mit zum Signal und er reagiert unter Umständen nicht mehr wie erwartet, wenn dann eines der Signale plötzlich ausbleibt oder verändert wird.

Kommunikation ist keine Einbahnstraße – Was »antwortet« der Hund?

Manches Mal sind wir derart konzentriert auf unser Tun oder darauf fixiert, dass der Hund unseren Anweisungen nachkommt, dass wir seine Signale nicht bemerken oder sie einfach übergehen. Er wird herangerufen, obwohl ihm

Dieser Labrador wird herangerufen und muss dazu den kleinen Bach überqueren, er zögert. Vordergründig wirkt das wie bewusstes Verweigern oder eben typisch Retriever, der viel lieber am Wasser bleiben möchte. Nichts davon stimmt in diesem Moment. Der Hund findet, recht untypisch für einen Labrador, Wasser nicht so prickelnd. Die gespreizten Hinterpfoten und die Körper-Verlagerung nach hinten zeigen seine Verunsicherung beim Einstieg. Er braucht etwas Zeit und vielleicht auch Ermunterung, bis er sich überwinden kann und den Schritt ins Ungewisse wagt.

Beim achtsamen Wahrnehmen bemerken wir nicht nur die Schwierigkeiten, sondern auch, dass und wie sehr sich der Hund gerade darum bemüht, mit uns Kontakt zu halten und genau das zu tun, was wir von ihm erwarten.

ein Artgenosse auf der Wiese den Weg versperrt und ihm vorgibt, in welchem Tempo er sich wie bewegen darf. Er würde unserem Ruf gerne Folge leisten, will bzw. darf aber auch die Signale des Artgenossen nicht missachten. Also zögert er, läuft einen Bogen, zeigt Übersprungshandlungen, in dem er am Boden schnüffelt oder verhält sich so, als ob er die Rufe nicht gehört hätte. Vielleicht legen wir ihn im Restaurant so ungeschickt ab, dass ihn der Artgenosse vom Nachbartisch voll im Blick hat und die Servicemitarbeiter direkt an ihm vorbeigehen müssen. Und dann wundern wir uns über seine Unruhe und darüber, dass wir ihn ständig ermahnen müssen, sich wieder hinzulegen. Er kann nicht liegen bleiben – nicht unter diesen Umständen und an genau dieser Stelle.

Achtsam sein muss man manches Mal erst ein wenig üben. Wer zuhören will, muss still werden. Das bedeutet, den eigenen Aktionismus und die vorauseilenden Gedanken zu bremsen, dann fällt es viel leichter die Signale des Hundes wahrzunehmen, zu verstehen und darauf einzugehen.

Achtsamkeit beim Hundetraining: Die Notwendigkeit ein Training zu besuchen, ist für Hunde nicht nachvollziehbar, es ist eine Entscheidung ihrer Menschen. Dennoch macht es vielen Hunden Spaß und gibt ihnen die Möglichkeit, gemeinsam mit ihren Menschen zu arbeiten, ihre Talente zu zeigen und Fähigkeiten auszubauen.

Allerdings ist der Hund hier in besonderem Maße darauf angewiesen, dass wir seine Mitteilungen

Gehorsam unter schwierigen Bedingungen. Bereits zu Beginn der Abruf-Übung behält der Hund einen zu nahe bei ihm stehenden Artgenossen im Blick.

Der Rückweg führt ihn ungeschickterweise dicht am anderen vorbei – es folgt ein kurzer Austausch von Signalen.

Dann entscheidet sich der Vierbeiner für das Herankommen zu seinem Menschen.

wahrnehmen und Bedürfnisse berücksichtigen. Denn so manche Übung würde der Hund aus eigenem Antrieb nicht ausführen und einige Abläufe stehen dem entgegen, was unter Hunden üblich ist.

Beispiele: Ich übe mit meinem Rüden im Gruppentraining korrektes Bei-Fuß-Gehen. Der Weg führt dicht an einem Artgenossen vorbei, welcher es nicht schätzt, dass wir ihm dabei zu nahekommen, was – zumindest für meinen Hund – deutlich wahrnehmbar ist. Ich hingegen bin so in die Aufgabe vertieft, dass ich nicht bemerke in welchen Konflikt ich meinen Hund bringe: Soll er jetzt meiner Anweisung folgen oder der Aufforderung des Artgenossen nachkommen und den geforderten Abstand einhalten, dann muss er allerdings die korrekte Fuß-geh-Position verlassen? Mein Hund wird langsamer, drückt sich dicht gegen mein Bein und weicht dann ein wenig nach hinten aus. Er kann jetzt nur darauf hoffen, dass ich die Situation ebenfalls erkenne und eine entsprechende Wegführung nehme.

Auch bei Begegnungs-Übungen denken wir häufig nicht daran, wie das aus Hundesicht ausschaut. Im Prinzip wir freuen uns, wenn der Hund bei einer Begegnung ausweicht, wegschaut oder beschwichtigend am Boden schnüffelt, anstatt nach vorne zu preschen. Beim Begegnungs-Training hingegen soll er erhobenen Hauptes dicht an anderen vorbeigehen und seine – aus Hundesicht – gut bewährten Strategien einfach außer Acht lassen. Das erfordert viel Vertrauen in den Menschen und gelingt vielen Hunden nicht auf Anhieb. Sicher können die allermeisten die geforderten Übungsabläufe erlernen, wir machen es ihnen leichter, wenn wir ihre Signale berücksichtigen und uns schrittweise dem angestrebten Ablauf nähern. Der junge Hund oder Trainingsanfänger darf beispielsweise bei einer engen Begegnung erst einmal seine Strategien anwenden. Parallel dazu übt er auf größere Distanz korrektes Fuß-Gehen oder bekommt die Alternativ-Strategie seinen Menschen anzuschauen. Nach und nach wird dann alles zusammengefügt.

Oder denken Sie an ein Rückruf- oder Apportiertraining, bei dem der Vierbeiner – evtl. sogar mit Beute – geradewegs schnell auf die nahe bei seinem Menschen stehenden Artgenossen zu rennt oder dicht an ihnen vorbei muss. Aus Hundesicht kann das eine Provokation für die wartenden sein und für den gerade arbeitenden ein ziemlicher Konflikt. Positionieren Sie sich dem Hund zuliebe zumindest anfangs so, dass ein gewisser Abstand gewahrt wird.

Woher weiß er das?

Unser Hund bemerkt es, wenn wir traurig sind, Stress mit einem Familienmitglied haben oder bestimmte Personen nicht leiden können. Er weiß, dass demnächst ein für ihn wichtiger Mensch nach Hause kommt und steht schon bereit, wenn wir das Wort Spaziergang auch nur denken. Kann er Gedanken lesen? Woran erkennt er unsere Gefühle? Welche Anzeichen verraten ihm, dass ...?

Hunde sind sozial lebende Tiere und für das Zusammenleben in einer Gruppe sind bestimmte Fähigkeiten und Strategien erforderlich. Dazu gehören eine gute Beobachtungsgabe und feine Antennen für Stimmungen, um mitzubekommen, was in der Gruppe vorgeht:

- Wer ist mit wem befreundet, welche Gruppenmitglieder sind häufig zusammen, grenzen sich von anderen ab, wer begrüßt wen?
- In welcher körperlichen und mentalen Verfassung befinden sich die Einzelnen?
- Wer trifft die Entscheidungen bzw. an wem orientieren sich die meisten und übernehmen dessen Haltung und Reaktion auf eine Situation (entspannt bleiben, aufmerksam werden, gelassen weggehen, bellen usw.)?
- Wessen »Anweisungen« kann man getrost übersehen, weil sie nicht sehr hilfreich sind, die anderen ebenfalls nicht darauf achten und der Artgenosse auch nicht auf die Einhaltung besteht?
- Welches Gruppenmitglied kommt auch mit schwierigen Situationen zurecht und wie gelingt dies?

Aus diesem Wissen ergeben sich gute Hinweise für das eigene Verhalten. Beispielsweise darauf, ob man jemand gerade besser aus dem Weg geht, Aufmerksamkeit erforderlich ist oder auf wessen Erfahrung man bauen kann, damit man nicht jede neue Situation selbst überprüfen und einschätzen muss. Für den Hund ist es deshalb völlig logisch, das Verhalten seiner Gruppenmitglieder, egal ob Artgenosse oder Mensch, sehr genau zu beobachten und daraus seine Schlüsse zu ziehen.

Gutes Wahrnehmungsvermögen

Wahrnehmen bedeutet Reize aus dem Umfeld über alle Sinnesorgane aufzunehmen und zu verarbeiten. Hunde sind da sehr gut darin, sie achten auf Details, die für uns eher nebensächlich sind, bemerken Signale, die wir völlig unbewusst aussenden und können aufeinander folgende Ereignisse miteinander in Zusammenhang bringen.

So weiß der Hund beispielsweise, dass Sie demnächst zum Spaziergang aufbrechen, ohne dass dies verbal kommuniziert wird und steht bereits wedelnd an der Tür noch ehe Sie auch nur daran denken, die Jacke überzuziehen. Er hat gelernt, dass bestimmte Signale einen Spaziergang ankündigen. War es anfangs vielleicht nur der Griff zur Leine, so werden es zunehmend mehr Signale, die ihm Hinweise geben. Vor dem Griff zur Leine haben Sie den Schlüssel in die Hand genommen, sich Jacke und Schuhe angezogen, zuvor sind Sie Richtung Garderobe gegangen, waren in der Küche, haben den Fernseher ausgeschaltet usw. und irgendwann steht er bereit, wenn Sie nur an den Spaziergang denken.

Dazu kommt, dass sich Hunde an der Blickausrichtung des Menschen orientieren können. Wenn Sie (auch unbewusst) DAS anschauen, womit Sie sich gerade gedanklich beschäftigen oder in die Richtung blicken, in die Sie gehen wollen, wird der Fokus Ihres Hundes ebenfalls dorthin gehen.

Ihr Vierbeiner kann aufgrund genauer Beobachtungen zudem erkennen, ob Jacke und Schuhe anziehen eine Unternehmung mit ihm bedeutet oder ob Sie sich für die Arbeit oder eine andere Aktivität rüsten, bei der er Sie nicht begleiten kann.

Manchmal allerdings entwickelt sich aus diesen an sich bewundernswerten Fähigkeiten eine übermäßige Erwartungshaltung. Der Hund springt bellend um Sie herum, während Sie sich zum Spaziergang rüsten. Er verfolgt Sie aufdringlich, weil Sie in die Küche und dort in Richtung Kühlschrank gehen oder kann es kaum erwarten, am Parkplatz aus dem Auto gelassen zu werden,

Hunde ruhen häufig, dennoch beobachten sie ihre Menschen und Umgebung viel häufiger und genauer, als uns bewusst ist. Sie achten dabei auf kleinste Details und bringen diese in Verbindung mit einer bestimmten Stimmung, Situation oder Handlung.

weil dort in der Regel sein Hundefreund wartet. Wenn Sie eine solche Entwicklung bemerken, ist es ratsam etwas gegenzusteuern.

Puschen Sie ihn nicht noch zusätzlich durch Ihren Unmut. Sätze wie: Warte doch, gleich darfst du, sei nicht so aufdringlich o.ä. bekommt der Hund in der allgemeinen Aufregung kaum mit und geben ihm auch keine konkrete Hilfestellung. Überlegen Sie auf welche Schlüsselreize er besonders stark reagiert. Können Sie diese abschwächen, vermeiden oder gezielt mit ihm üben, sie nicht mehr zu beachten? Wann braucht er welche Anweisung, um erst gar nicht die die gespannte Erwartungshaltung oder Aufregung zu geraten? Z.B. sich ruhig im Flur hinzusetzen, bis Sie ausgehfertig sind. Oft ist es ratsam auch ganz allgemein an mehr Ruhe und Frustrationstoleranz zu arbeiten.

Die Sache mit der Blickausrichtung kann ebenfalls Vor- und Nachteile haben. Wenn Sie beispielsweise bei einer Begegnung fast wie hypnotisiert ein entgegenkommendes Hund-Mensch-Team anschauen, wird Ihr Hund dem sich nähernden Team wahrscheinlich ebenfalls große Aufmerksamkeit schenken. Andererseits können Sie ihn bewusst steuern, indem Sie Ihren Fokus auf den Weg lenken, den Sie beide jetzt alternativ nehmen wollen.

Der Hund bemerkt, dass ein besonderer Tonfall oder bestimmte Worte z.B. das Ende eines (Telefon-) Gesprächs ankündigen und Ihr Blick, Ihre Körperausrichtung aussagen, ob Sie sich anschließend weiter Ihren Tätigkeiten widmen oder sich mit ihm beschäftigen werden.

Ein weiteres Beispiel: Aufgrund seiner guten Wahrnehmung, besonders seines exzellenten Hörvermögens bemerkt der Vierbeiner, dass ein ihm wichtiger Mensch nach Hause kommt. Er erkennt mit der Zeit die individuellen Rückkehr-Geräusche seiner Menschen: das Brummen des Automotors, den Quietschton der Auto- oder Haustüre, das leise Klimpern des Schlüssels

Er weiß um die Heimkehr eines ihm wichtigen Menschen. Oft reagiert er so früh, dass es fast unheimlich erscheint: Gerade noch schlafend hebt er den Kopf, spitzt die Ohren, steht auf oder wendet sich zur Türe.

Hunde sind aufgrund ihrer Sinnesleistungen, ihrer hohen Sensibilität und Wahrnehmungsfähigkeit in vielen Momenten unentbehrliche Helfer ihrer Menschen. Durch entsprechendes Training können sie bestimmte Erkrankungen oder Stimmungen frühzeitig erkennen und anzeigen und sogar »erste Hilfe« leisten, wie benötigte Utensilien herbeibringen oder sich dicht vor oder bei ihrem Menschen platzieren.

oder den Klang der Schritte auf dem Gartenweg. Er bemerkt sogar am Rhythmus, in dem jemand die Stufen im Treppenhaus begeht, ob sich ein ganz bestimmter oder ein unbekannter Mensch nähert. Wenn er diese Wahrnehmungen einmal abgespeichert hat, kann er sie aus der allgemeinen Geräuschkulisse herausfiltern bzw. von anderen ähnlich klingenden Lauten unterscheiden.

Seine gute Beobachtungsgabe unterstützt ihn in seinem Wissen um die Rückkehr. So kann ein sehr strukturierter Tagesablauf, in dem bestimmte Handlungen in einer gewissen Regelmäßigkeit aufeinander folgen, dem Vierbeiner signalisieren, dass die Ankunft unmittelbar bevorsteht. Und, wir wissen noch nicht allumfassend Bescheid über die Empfindungen und Fähigkeiten unserer Vierbeiner. Evtl. spielt beim Nachhause-Kommen einer geliebten Person nicht allein seine gute Wahrnehmungsfähigkeit eine Rolle, sondern auch eine Art inneres Gefühl, das ihn um die Rückkehr Bescheid wissen lässt.

Feine Antennen für Stimmungen

Ihr Hund spürt, wie es Ihnen geht, gesundheitlich und emotional. Warum Sie gerade aufgeregt, traurig oder verärgert sind, kann er nicht wissen, seine Wahrnehmung ist »nur« darauf ausgelegt, alles zu bemerken, was ihm Aufschluss über Ihr Befinden geben kann. Da reichen ihm bereits kleinste Hinweise bezüglich Körperhaltung, Mimik, Stimmlage, Atmung oder des Geruchs.

Hunde nehmen unsere Stimmung nicht nur wahr, sondern reagieren darauf. Die meisten sind zunächst etwas verunsichert, wenn sie eine Stimmungsänderung bemerken und suchen Blickkontakt zu ihren Menschen, um herauszufinden, wie sie sich verhalten sollen. Oder scannen das Umfeld und die Anwesenden, um herauszufinden, was die Stimmungsänderung verursacht haben könnte. Einige Vierbeiner gehen etwas auf Distanz. Das ist häufig dann zu beobachten, wenn Anspannung mit im Spiel ist und Sie beispielsweise etwas lauter und energischer sprechen oder es Stress innerhalb der Familie gibt. Andere kommen sofort herbei, suchen Körperkontakt, bringen ein Spielzeug oder lecken ihrem Menschen übers Gesicht. Das kann sehr berührend und tröstlich sein.

Hunde erkennen widersprüchliche Signale, d.h. sie bemerken, dass unsere Stimmung gerade so gar nicht zu dem passt, was wir nach außen hin signalisieren wollen und machen uns darauf aufmerksam. Sie kommen dann einer Anweisung nur zögernd oder gar nicht nach, nehmen ein halbherziges Lob kaum zur Kenntnis, werden unruhig, schauen uns immer wieder an und scheinen zu fragen, was wir wirklich meinen.

Beispiele: Sie tadeln Ihren Hund, weil er eine bestimmte Person bedrängt, misstrauisch betrachtet oder vielleicht sogar anknurrt, sind aber gleichzeitig der Meinung, dass der Hund vollkommen recht hat mit seinem Vorgehen. Sie weisen ihn an, mit dem Bellen aufzuhören sind aber eigentlich ganz froh über seine Wachsamkeit. Oder unterbrechen sein aufgeregtes Umherspringen, finden sein Verhalten jedoch insgeheim ganz lustig oder wollen nicht so streng sein und ihn die Lebensfreude nehmen. Entsprechend widersprüchlich, zumindest für den Hund, fallen Ihre Hinweise aus und er misst unter Umständen Ihren Emotionen größere Bedeutung bei als der verbalen Anweisung.

Ein weiterer Widerspruch, der meist erst dann bewusst wird, wenn der Hund nicht wie erwartet agiert: Viele Hunde spüren, ob wir ihnen eine Aufgabe zutrauen, daran zweifeln oder befürchten, sie könnten das Hund-Mensch-Team blamieren. Der Vierbeiner bekommt dann zwar das gewohnte Signal: Geh, arbeite deine Aufgabe, spürt aber gleichzeitig die Anspannung und Zweifel und das wirkt sich auch auf sein Verhalten aus. Er arbeitet nicht so selbstverständlich und selbstbewusst wie erhofft, wendet sich öfters dem Menschen zu, fragt nach. Und prompt bestätigt dies die unterschwellig vorhandenen Zweifel – er kann es halt doch noch nicht so gut.

Ähnlich verhält es sich, wenn es Ihnen schwerfällt, den Hund aus Ihrem Einwirkungsbereich zu entlassen und es sich für Sie besser anfühlt, wenn er sich nahe bei Ihnen aufhält und Sie die Kontrolle über ihn haben. Einen sehr feinfühlen Vierbeiner können Sie dann evtl. mehrfach auffordern jetzt doch loszulaufen oder mit Artgenossen zu spielen. Er wird sich nur zögernd von Ihnen lösen, weil er aus Erfahrung weiß, dass Sie immer dann entspannt und gut drauf sind, wenn er dicht bei Ihnen bleibt und auf Ihre Anweisung achtet.

Stimmungsübertragung bedeutet, Mensch oder Hund beeinflussen durch ihre Emotionen, ihr Verhalten die Stimmung des jeweils anderen, auch dann, wenn dieser ursprünglich nicht dieselben Empfindungen hatte.

Für Hunde ist es völlig normal, sich am Verhalten der Sozialpartner zu orientieren. Sie übernehmen daher oftmals die Stimmung ihrer Menschen, auch ohne den tatsächlichen Grund dafür zu kennen. Stellen Sie sich vor, wie Sie spätabends mit ihm unterwegs sind. Sie hören Geräusche, die Sie nicht einordnen können und wünschen sich, der schmale Wiesenweg würde bald in die beleuchtete Straße münden. Vielleicht gehen Sie automatisch etwas schneller, schauen sich um, ihr Atemrhythmus ändert sich genauso wie ihr Tonfall. Diese kleinen Signale bleiben dem Vierbeiner natürlich nicht verborgen und so ist es nicht verwunderlich, dass er ebenfalls aufmerksam und mit einer gewissen Anspannung den Weg entlang geht. Sollte jetzt ein einsamer Spaziergänger um die Ecke biegen, ist es fast zu erwarten, dass Sie beide kurz erschrecken und Ihr sonst recht freundlicher Hund diesen aufmerksam bis misstrauisch beäugt und sehr angespannt vorbeigeht.

Der Klassiker für eine gegenseitige Stimmungsbeeinflussung ist die Anspannung bei Begegnungen oder die Aufregung, wenn Besuch kommt.

Das kann daran liegen, dass es viele Hundehalter von Anfang an richtig machen möchten. Keinesfalls soll der Vierbeiner den Besuch bedrängen, unterwegs einen Artgenossen oder Menschen

Die Hundehalterin ist betrübt, weil sie ihren Vierbeiner zu einer Unternehmung nicht mitnehmen kann und erklärt ihm dies ausführlich. Je länger sie mit ihm spricht, umso intensiver übernimmt der sensible Vierbeiner die bedrückte Stimmung. Die menschliche Interpretation: »Er ist traurig, weil er hierbleiben muss« – dabei spiegelt der Vierbeiner »nur« die Stimmung seines Menschen.

anbellen oder gar belästigen. Vorbeugen ist super und richtig umgesetzt auch eine große Hilfe für den Hund. Aber im Bemühen, es gut zu machen, machen wir Menschen manchmal etwas zu viel. Der Hund bemerkt, dass immer dann eine leichte Anspannung und erhöhte Aufmerksamkeit herrscht und er vermehrt Anweisungen bekommt, wenn es an der Türe klingelt oder unterwegs ein Artgenosse oder Passant entgegenkommt. Das veränderte Verhalten seines Menschen muss also etwas mit diesem Zusammentreffen zu tun haben und als Folge davon schenkt er diesen Begebenheiten – genau wie sein Mensch – ebenfalls mehr Aufmerksamkeit.

Bei vielen Teams hat sich jedoch die Anspannung erst nach und nach gegenseitig hochgeschaukelt. Vielleicht waren Sie da anfangs ganz entspannt, bis Ihr Hund eines Tages beim Zusammentreffen aufgeregt oder heftig reagiert hat. Wenn dann noch Passanten oder Besucher ihr Unverständnis darüber signalisieren, ist es nachvollziehbar, dass Ihre Anspannung steigt. Sie versuchen so gut wie möglich, den zur Tür rennenden Vierbeiner mit Worten, Gesten oder Festhalten zu beruhigen bzw. von der Eingangstüre fernzuhalten und gleichzeitig die Besucher zu begrüßen. Sie greifen bei Begegnungen die Leine fester, verändern Ihr Lauftempo, fixieren den Entgegenkommenden, um über dessen Schritte Bescheid zu wissen und reden vermehrt mit Ihrem Hund.

Der Vierbeiner weiß in diesen Momenten leider nicht, dass sein Verhalten die Ursache für Ihre Verunsicherung und Anspannung war. Er erkennt nur, dass Sie aufgeregt und angespannt sind, obwohl Sie mit Worten genau das Gegenteil vermitteln möchten. Beim Hund kommt dieser Widerspruch in voller Deutlichkeit an und anstatt der erwünschten Gelassenheit lernt er, wenn es klingelt bzw. ein Artgenosse in Sicht kommt, sind alle aufgeregt. Wir könnten seine Wahrnehmung übersetzen mit: »Du signalisiert Aufregung, redest aber von Ruhe, ja was denn jetzt?« Zusätzlich erschwert Ihre Aufregung eine eindeutige Kommunikation mit dem Hund und vermittelt ihm den Eindruck, dass Sie nicht so genau wissen, was zu tun ist.

Bewusste Stimmungsübertragung

Stimmungsübertragung kann bewusst genützt werden, um eine Situation positiv zu beeinflussen. Wenn Sie beispielsweise eine Person gerne haben, oder auch einen Fremden freundlich und entspannt grüßen, übernimmt der Hund oftmals diese friedliche, freundliche Stimmung. Oder denken Sie daran, wie Sie sich gegenseitig Halt geben und beruhigen. Manches Mal vermitteln Sie Ihrem Hund diese Stimmung und helfen ihm dabei entspannter zu werden. In anderen Momenten gibt es Ihnen Ruhe und Kraft, wenn Sie den entspannt neben Ihnen sitzenden Vierbeiner streicheln, seine Nähe und Wärme spüren.

Wenn Sie dem Hund eine bestimmte Stimmung gezielt vermitteln möchten, braucht es Übung, bis Sie beide zur gleichen Zeit in der angestrebten Stimmung sind. Zum einen müssen Sie diese Stimmung auch wirklich vermitteln können, zum anderen befindet sich der Hund meist in genau entgegengesetztem Erregungslevel – er ist aufgeregt und Sie möchten Ruhe erreichen, er ist unmotiviert und Sie hätten gerne mehr Aufmerksamkeit, er ist angespannt und Sie möchten Gelassenheit und Souveränität.

Diese Punkte können dabei helfen:

- Werden Sie sich Ihrer Emotionen bewusst. Erst dann können Sie die eher hinderlichen

Hunde richten sich beim Einschätzen einer Situation auch nach dem Verhalten ihrer Sozialpartner und übernehmen deren Stimmung und Haltung bei gemeinsamen Aktionen. Deshalb ist es gut, wenn Sie Ihrem Vierbeiner nicht nur eine bestimmte Anweisung geben, sondern ihm auch das Verhalten vorleben, das Sie von ihm erwarten: beispielsweise Konzentration auf eine Aufgabe …

… oder Gelassenheit beim Erkunden eines neuen Umfelds.

Der helle Hund zeigt deutliche Unsicherheit beim Vorbeigehen an den landwirtschaftlichen Geräten.

Nach kurzem Zögern orientiert er sich an der Ruhe seiner Menschen und dem gelassenen Verhalten des Artgenossen und geht vorbei, geschickt abgeschirmt durch das zweite Team.

Hunde orientieren sich gerne an Menschen, bei denen sie sich wohlfühlen, die einfühlsam sind, ihnen zuhören und ihre Belange berücksichtigen. Menschen, die authentisch und klar kommunizieren und dabei keinen großen Aktionismus brauchen, um gehört und gesehen zu werden. Menschen, die auch in schwierigen Momenten die Ruhe bewahren und wissen, was zu tun ist.

abbauen und die gewünschten gezielter einsetzen. Dazu können auch verschiedenen Konzentrations- und Achtsamkeits-Übungen beitragen.

- Versuchen Sie, Ihr Verhalten und Ihre Ausdrucksweise so gut wie möglich mit der gewünschten Stimmung in Einklang zu bringen. Vermitteln Sie z.B. Gelassenheit durch eine ruhige Stimme und ein gemäßigtes Sprechtempo, ruhige Bewegungen und eine entspannte Körperhaltung. Sie brauchen sich nun aber nicht wie in Zeitlupe zu bewegen oder ausschließlich zu flüstern. Eine Armbewegung kann ausladend, aber ruhig erfolgen und Ihre Schritte können zielstrebig sein und dennoch gelassen und selbstverständlich die Richtung vorgeben.
- Denken Sie in die gewünschte Richtung: Konzentration und Aufmerksamkeit erfordert zwar Ruhe, aber gleichzeitig eine gewisse körperliche und mentale Fokussierung auf die zu meisternde Aufgabe. Stellen Sie sich die angestrebte Stimmung, Haltung oder Aktivität bildlich vor und formulieren Sie es in Gedanken: « Wir gehen zügig vorbei« oder »Wir achten jetzt aufeinander, bewältigen diese Aufgabe, Ablenkungen sind uns egal«. Signalisieren Sie Ihre Ziele auch durch Ihre Blickrichtung, Körperhaltung und eine gewisse Körperspannung. Diese Fokussierung hilft dabei um sich das eigene Handeln, die eigene Gemütsverfassung bewusst zu machen und gibt gleichzeitig dem Hund die entsprechenden Hinweise.

Anfangs wirkt alles vielleicht noch etwas krampfhaft und wie aufgesetzt. Mit etwas Übung gelingt es immer besser, Ihre innere und äußere Haltung in Einklang zu bringen und das zu fühlen, was Sie ausdrücken möchten. Sie merken es, wenn Sie ganz selbstverständlich handeln und Ihr Hund immer bereitwilliger darauf eingeht.

Haben Hunde ein schlechtes Gewissen?

Viele Hundehalter sind davon überzeugt, dass ihr Hund sehr genau weiß, dass er etwas falsch gemacht hat und nun ein schlechtes Gewissen hat. Sie belegen dies mit seinem Verhalten, welches er auf die Zurechtweisung hin zeigt. Ich bin dann immer ein wenig pingelig und versuche es differenzierter zu betrachten und zu erklären: Ja, Hunde erkennen sehr wohl, dass und wann uns ihr Tun missfällt, aber schlechtes Gewissen in unserem Sinne – nein!

Wir Menschen verstehen unter einem schlechten Gewissen eine Art Schuldbewusstsein, weil wir etwas getan haben, das wir eigentlich für falsch halten bzw. nicht mit unseren ethischen und sozialen Normen übereinstimmt. Hunde sind zu vielen Emotionen fähig, weit mehr als lange Zeit angenommen, es gibt aber keine Hinweise, dass sie ein Schuldbewusstsein besitzen, wie wir es kennen. Dazu müsste ihnen bewusst sein, dass ihr Verhalten an sich ungehörig ist und sie müssten die gleichen Wertevorstellungen haben wie wir. Für den Hund aber hat das antike Tischbein den gleichen Wert wie der alte Hausschuh – beides eignet sich hervorragend zum Zerkauen. Und das macht er, weil er gerade im Zahnwechsel ist, sich abreagieren muss oder sich einfach eine gute Gelegenheit dazu bietet.

Die meisten Vierbeiner erkennen im Laufe des Zusammenlebens, dass wir bestimmte Handlungsweisen nicht schätzen und lernen sich passender zu verhalten. Das geschieht nicht deshalb, weil unser Verständnis von gut und schlecht zu dem ihren geworden ist, sondern aufgrund eines guten Trainings oder entsprechender Konsequenzen.

Warum halten wir sein Verhalten dennoch für ein schlechtes Gewissen? Weil es einem Verhalten ähnelt, das wir Menschen zeigen, wenn wir uns ertappt fühlen und ein schlechtes Gewissen haben: wir vermeiden Augenkontakt, schauen zu Boden, wenden uns ab, verhalten uns ruhig und abwartend oder versuchen durch eine gewisse Aktivität, die Situation zu übertünchen bzw. zu entschärfen.

Korrekt ausgedrückt, zeigt der Hund Beschwichtigungsgesten, Zeichen von Unsicherheit oder aktiver, teilweise auch passiver Demut. Das Vermenschlichen der Hundesignale in Kombination mit einem für uns offensichtlichen Fehlverhalten führt dazu, dass wir an schuldbewusstes Verhalten denken.

Kein schlechtes Gewissen, aber weshalb beschwichtigt er dann? Seine Gesten sind die Reaktion auf menschliches Verhalten. Hunde sind, auch uns Menschen gegenüber, bestrebt Konflikte möglichst zu vermeiden bzw. klein zu halten und beschwichtigen, um eine weitere Eskalation der Situation zu vermeiden. Wenn Sie Ihren Vierbeiner unvoreingenommen beobachten, merken Sie, dass seine Gesten im direkten Zusammenhang mit Ihrem Verhalten stehen.

Beispiele: Eine kurze, situationsbezogene Zurechtweisung: Sie sehen, dass Ihr Hund zielstrebig Richtung Mülleimer läuft, stoppen ihn ab, ehe er sein anvisiertes Ziel erreicht, und verbieten ihm, denn Inhalt auszuräumen. Daraufhin schaut er kurz weg, blinzelt oder züngelt. Mit diesen kleinen Beschwichtigungsgesten reagiert er auf Ihr direktes Eingreifen und signalisiert: »Ja, in Ordnung, habe verstanden« und damit ist die Angelegenheit für Hund und Mensch erledigt. Er hat kein schlechtes Gewissen wegen seines Vorhabens an sich, denn für Hunde ist es nicht verwerflich, sich am Müll zu bedienen. Er hat aber gemerkt, dass Sie dies nicht haben möchten.

Sie ärgern sich über Ihren Vierbeiner oder tadeln ihn für ein Fehlverhalten: Auch wenn Sie sich dabei um Neutralität bemühen, so merkt er doch am Tonfall, der Körperhaltung und den Gesten, dass sich Ihre Gefühle ihm gegenüber verändert haben. Ein guter Grund für ihn, um zu beschwichtigen. Vielleicht geht er Ihnen erst einmal aus dem Weg, auch das ist unter Hunden eine übliche Vorgehensweise, wenn ein Gruppenmitglied nicht so gut auf einen zu

Er ist sich keiner Schuld bewusst, ein Schlammbad ist für ihn keinesfalls verwerflich. Es reicht jedoch bereits der tadelnde Tonfall bei der Frage: »Wie siehst du denn aus?«, damit er beschwichtigt. Er senkt den Kopf, wendet sich ein wenig ab und züngelt.

sprechen ist und sondiert mit etwas Abstand, ob und wann sich die Lage wieder beruhigt.

Unter Umständen verhält sich der Vierbeiner auch noch Minuten evtl. sogar Stunden nach einer Zurechtweisung ruhiger oder zeigt immer wieder Beschwichtigungsgesten, verstärkt dann, wenn Sie ihn anschauen, sich ihm nähern oder sein Verhalten kommentieren mit: »Ja, du weißt genau, dass du vorhin …«. Wir Menschen interpretieren das gerne als Folgsamkeit oder Einsicht. In Wirklichkeit reagiert der Hund auf eine immer noch angespannte Stimmung oder weil ihn Ihr energisches Vorgehen verunsichert hat, aber nicht, weil er seinen »Fehler« eingesehen hat.

»Aber – er zeigt das Verhalten auch dann, wenn ich noch nichts von der Missetat weiß!«
Beim Nach-Hause-Kommen begrüßt Sie der Vierbeiner nicht wie gewohnt, sondern kommt Ihnen mit gesenktem Kopf und geduckter Körperhaltung entgegen oder bleibt mit abgewandtem Blick auf seiner Decke liegen. Das zeugt doch von Gewissensbissen, er muss wieder etwas angestellt haben! Und prompt finden Sie – mal wieder – Ihr Lieblingskissen zerrissen auf dem Fußboden liegen.

Auch in diesem Fall hat der Hund kein Bewusstsein dafür, wie ungehörig es ist, ein Kissen zu schreddern. Aber er hat die Erfahrung gemacht, dass es Ärger gibt, sobald Sie hinzukommen und dies bemerken. Für ihn ist Ihre Anwesenheit in Kombination mit einem zerfetzen Sofakissen der ausschlaggebende Punkt. Daher beschwichtigt er bereits bei Ihrem Eintreten und versucht so die schlechte Stimmung oder Bestrafung abzumildern.

Zuneigung zeigen – Kontakt (un)erwünscht

Hunde und Menschen sind sich da einig: beide brauchen und genießen das Gefühl der Zusammengehörigkeit, die Nähe des anderen, das gemeinsame Agieren, den Körperkontakt. Wie viel, wie lange oder wie oft und auf welche Art und Weise, da gehen die Bedürfnisse manchmal etwas auseinander.

Einige Hundehalter sind sehr beunruhigt, wenn der Vierbeiner nicht ständig ihre Nähe sucht, einem Kontaktliegen nichts abgewinnen kann, nicht so gerne kuschelt oder nur wenig Blickkontakt aufnimmt. Da wird dann schnell von

Zuneigung und Freundschaft: Manchmal reichen ein Blick und ein ruhiges Nebeneinander, um sich nahe zu sein.

mangelnder Bindung und fehlender oder nicht funktionierender Beziehung gesprochen. Umgekehrt kann es einen sehr harmoniebedürftigen Hund, der viel Zuwendung benötigt, sehr verunsichern ja sogar stressen, wenn sein Mensch in dieser Hinsicht eher zurückhaltend ist, wenig mit ihm spricht oder ihn nur kurz mal streichelt.

Ein gutes Miteinander lässt sich aber nicht allein an den Kuschelzeiten festmachen oder dadurch, dass sich beide ständig im Blick haben. Manchmal müssen Hund und Mensch auch in diesem Bereich erst zusammenfinden. Sie lernen den anderen besser zu verstehen, erkennen dessen Zuneigung, obwohl er sich nicht exakt so verhält wie man sich das vorgestellt hat und erstaunlich häufig passen sie sich einander an. Ein vielleicht etwas forscher Mensch wird sanfter und zugewandter im Umgang mit seinem Vierbeiner und mancher Hund, der der anfangs Nähe und Körperkontakt nichts abgewinnen konnte, wird mit der Zeit immer verschmuster.

Höflich und rücksichtsvoll

Dies gilt sowohl für Hunde als auch für Menschen. Es macht den Umgang miteinander deutlich angenehmer und zeugt von Achtung und Wertschätzung. Aber Höflichkeit und Rücksichtnahme werden oft nur dann gezeigt, wenn der andere Wert darauf legt und das gegebenenfalls auch einfordert.

Hunde kennen untereinander eine ganze Reihe von Benimm-Regeln, man könnte sie umgangssprachlich als gute Manieren im Umgang miteinander bezeichnen. Viele Vierbeiner übertragen die unter Hunden geltenden Höflichkeitsgesten auch auf den Kontakt mit dem

Menschen. Sie lassen ihm trotz Nähe seinen Freiraum, bedrängen ihn nicht und bemerken bzw. akzeptieren seine Aufhörgesten. Wenn ein Hund hier weniger zurückhaltend ist und beispielsweise sehr stürmisch Kontakt aufnimmt, bedeutet dies jedoch nicht sogleich, dass er keine höflichen Umgangsformen besitzt oder gar respektlos ist. Er weiß sie evtl. noch nicht richtig anzuwenden oder kann seine Emotionen nur schwer kontrollieren.

Oft sind wir für das »unhöfliche«, aufdringliche oder übergriffige Verhalten des Hundes mitverantwortlich. Wir lassen viel über uns ergehen, weil wir seine Liebesbeweise so schätzen und ihn nicht zurückweisen wollen, auch wenn er mal etwas zu stürmisch ist. Sein ungestümes Verhalten wird immer wieder mit mangelnden feinmotorischen Fähigkeiten entschuldigt. Diese sind bei manchen Hunden sicher noch etwas ausbaufähig, in der Regel aber können die Vierbeiner ihre Bewegungen und ihr Tempo recht gut einschätzen und steuern.

Ein zu ungestümes Verhalten kann auch daran liegen, dass der Hund sehr aufgeregt oder gestresst ist und einerseits das hohe Bedürfnis nach Kontakt hat, aber andererseits nicht weiß, wie er dabei vorgehen soll.

Zeigen Sie ihm, wie Sie sich eine Kontaktaufnahme vorstellen. Hunde können, abhängig von ihren individuellen Möglichkeiten, durchaus lernen, sich rücksichtsvoll zu verhalten: das Leckerchen sanft aus Ihrer Hand zu nehmen, beim Kuscheln auf dem Sofa nicht einfach über Sie zu trampeln oder beim gemeinsamen Spiel achtsam zu sein.

Höflichkeit und ein achtsamer Umgang sollten auch für uns selbstverständlich sein. Wir verhalten uns da manchmal nicht anders als unser

Rechtzeitiges Bremsen, um nicht in den Menschen hineinzurennen, ist manchmal gar nicht so einfach.

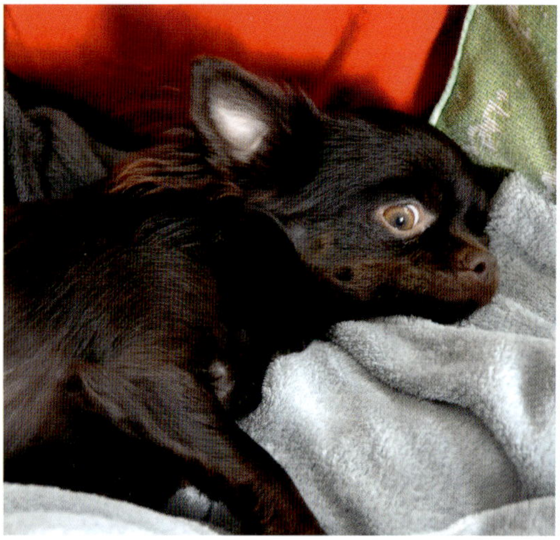

Überfallen Sie den Hund nicht mit Ihrer Zuneigung. Sprechen Sie ihn an, ehe Sie ihn streicheln und achten Sie auf seine Reaktion.

Hund und Mensch sind sehr vertraut miteinander und wissen, wie die Gesten des anderen gemeint sind – das dynamische Spiel gefällt beiden.

etwas zu ungestümer Vierbeiner: wir haben gerade das Bedürfnis nach Kontakt, wollen unsere Liebe zum Ausdruck bringen und überfallen oder überschütten den Hund mit Zuneigung, oftmals zu einem Zeitpunkt, an dem er nicht damit rechnet, seine Ruhe haben möchte oder mit Gesten, die ihm unangenehm sind.

Genau wie Sie Ihre Bedürfnisse signalisieren, darf auch der Hund mitteilen, ob er gerade angefasst werden möchte oder nicht, ob Sie zu bedrängend oder ihm Ihre Berührungen angenehmen sind. Manchmal ist weniger mehr, vielleicht genießt es der Hund, wenn er einfach ruhig neben Ihnen liegen darf, will dabei aber nicht auch noch überfallsartig gestreichelt werden. Selbst wenn er von sich aus den Kontakt gesucht hat, kann es ihm nach einiger Zeit zu viel oder zu intensiv werden. Diese Signale weisen darauf hin, dass er den Kontakt beenden oder etwas weniger intensiv haben möchte:

- Beschwichtigende Gesten wie Blinzeln, Kopf abwenden, sich wegdrehen, Züngeln
- Hecheln, Stressgesicht, fast hektisches Belecken des Menschen
- Abducken, sich aus einer Umarmung herauswinden, Weggehen
- Vermehrte Körperanspannung, regungslos verharren bis hin zum Steifwerden

Hundegesten verstehen – was bedeutet es, wenn ...

der Hund dicht an Sie gekuschelt auf der Couch liegt, auf dem Teppich zu Ihren bzw. auf Ihren Füßen schläft, sich an Sie drückt, Sie mit der Nase anstupst oder seinen Kopf auf Ihr Bein legt? In vielen Fällen spricht dies dafür, dass er diese Nähe genießt und braucht.

Am schönsten und einfachsten ist es, wenn beide in ihren Bedürfnissen und ihrer Art Kontakt zu halten übereinstimmen. Hier sind sich Hund und Mensch einig und genießen den Kontakt zueinander.

Oft ist jedoch auch die Rede davon, dass diese Gesten aufdringlich und fordernd gemeint sein können oder von Hunden verwendet werden, die ihre Menschen kontrollieren wollen. Das verunsichert etwas, denn keinesfalls möchte man den Hund zurückweisen, wenn er das Bedürfnis nach Nähe hat. Andererseits will man ihn nicht noch bestärken, falls er aufdringlich Kontakt einfordert oder sich kontrollierend verhält.

Meistens sind Hund-Mensch-Kontakte etwas sehr Schönes und tun einfach beiden gut, man muss nicht jede Geste auf die Goldwaage legen. Wenn Sie aus lauter Sorge, Ihr Hund könnte sich unangemessen verhalten alles hinterfragen nimmt das jegliche Spontanität und dämpft die Zuneigung erheblich. Außerdem ist es die individuelle Empfindung jedes einzelnen, ob er die Gesten des anderen als angenehm oder übergriffig empfindet oder sich kontrolliert fühlt.

Dennoch ist es nicht verkehrt über die kleinen Nuancen bei der Kontaktaufnahme Bescheid zu wissen.

Freundschaftliche Geste, Kontaktliegen: Je nach Hund-Mensch-Bedürfnis wird gemeinsam gekuschelt, dicht nebeneinander geruht oder immer mal wieder für einen Moment der direkte Kontakt zueinander gesucht. Ein wichtiges

Merkmal ist die Freiwilligkeit, jeder kann den Kontakt beenden und der andere akzeptiert dies.

Bei einer höflichen Kontaktaufnahme, die Verbundenheit ausdrückt agiert der Vierbeiner insgesamt recht vorsichtig und zeigt viele Gesten der aktiven Demut. Er nähert sich oft von der Seite, seine Bewegungen sind weich und behutsam, manchmal schaut er mit »leichtem Dackelblick« von unten zu Ihnen hoch und wedelt evtl. sachte mit der Rute. Wenn Sie auf ihn eingehen, drückt er sich vielleicht noch ein wenig mehr an Sie und genießt Ihr Streicheln mit leicht geschlossenen Augen und sehr entspannt. Wenn Sie dann nach einiger Zeit den Kontakt wieder beenden, oder auch mal nur kurz reagieren, wendet sich auch der Vierbeiner wieder ab. Manche strecken sich dann mit einem langgezogenen Seufzer neben ihren Menschen aus.

Mit der Zeit merken Sie, ob Ihr Hund nur mit Körperkontakt bei Ihnen sein möchte, ob es ihm angenehm ist, dabei gestreichelt zu werden und auch auf welche Art und Weise er berührt werden möchte. Die meisten Hund lieben es, an Schulter oder Rücken gestreichelt zu werden. Viele drängen sich dann richtiggehend gegen die streichelnde Hand, weil sie diese Körperstellen selbst nicht so gut erreichen und es ihnen guttut, auch hier mal gekrault zu werden. Manche Vierbeiner mögen es, wenn man ihnen behutsam die Ohren krault oder sie an der Brust streichelt. Einige bevorzugen sanfte Berührungen, andere lieben es mehr oder weniger intensiv massiert zu werden.

Der Hund legt oder wirft sich auf den Rücken – eine Einladung zum Bauchkraulen? Auf Menschen scheint so ein Hundebauch eine unwiderstehliche Anziehungskraft auszuüben und manchmal muss man sich regelrecht bremsen, um nicht »ungefragt« zu kraulen.

Viele Hunde empfinden es tatsächlich als angenehm, wenn sie am Bauch gestreichelt werden und einige lernen, dass es ihre Menschen entzückt und ihnen Aufmerksamkeit sicher ist, wenn sie sich auf den Rücken legen, so dass sie dies bei fast jeder sich bietenden Gelegenheit tun.

Daran merken Sie, dass Ihr Hund die Berührung genießt: er rollt sich entspannt auf den Rücken und bleibt entspannt, wenn Sie ihn an Brust und Bauch streicheln. Viele Vierbeiner schließen dabei die Augen, manche legen sich nach einiger Zeit auf die Seite oder wälzen sich auf dem Rücken hin und her.

Aber nicht immer bedeutet Rückenlage: bitte kraulen! Im Kontakt mit Artgenossen zeigt der Vierbeiner diese Haltung ebenfalls nicht nur im Rahmen eines Spiels oder freundschaftlicher Verbundenheit, sondern auch um die eigene Friedfertigkeit zu signalisieren, beispielsweise bei passiver Demut oder wenn er gerade unsicher ist. Manche Hunde legen sich, bzw. bleiben liegen, um einen stürmischen Artgenossen zu einem ruhigeren Verhalten zu bewegen und die Dynamik aus einer Situation herauszunehmen.

Auch uns gegenüber signalisieren Hunde auf diese Weise: »Ich bin unsicher, tu mir nichts« oder »Du bist zu stürmisch, zu aufdringlich, etwas behutsamer bitte bzw. höre auf«. Seine ablehnende Haltung sehen und fühlen Sie spätestens beim Streicheln, seine Muskulatur ist angespannt und entspannt sich auch während der Berührungen nicht, sondern nimmt oft sogar noch zu. Wenn er sich aus Unsicherheit oder

Er hat gelernt, nicht aufdringlich zu sein und auf seiner Decke zu bleiben. Sein Blick signalisiert jedoch, dass er jetzt gerne Kontakt haben und mit seinen Menschen etwas unternehmen möchte. Vermutlich würde ein Blick, eine kleine Geste genügen, um ihn aktiv werden zu lassen.

um Sie ruhiger zu stimmen auf den Rücken legt, erkennen Sie beschwichtigende Gesten und Anzeichen von passiver Demut.

Wenn Sie sich bezüglich der Stimmung Ihres Hundes nicht ganz sicher sind, beenden Sie den Kontakt besser.

Aufdringlich und/oder Aufmerksamkeit fordernd: Der Hund geht dabei sehr zielstrebig vor, läuft zügig und direkt auf Sie zu, schaut Sie an und drängt Ihnen den Kontakt richtiggehend auf. Er stupst Sie mit Nase oder Pfote an, rempelt Sie vielleicht sogar und verstärkt mit großer Wahrscheinlichkeit seine Bemühungen, falls Sie nicht darauf eingehen. Er versucht dann, Sie auf irgendeine Art und Weise doch noch zum Reagieren zu bewegen: vielleicht bellt er auffordernd, bringt sein Spielzeug herbei, springt Sie an. Manche setzen sich hin, schauen ihren Menschen unverwandt an und fiepen leise.

Wenn Ihnen sein Verhalten zu aufdringlich erscheint, sollten Sie ihm dies auch mitteilen. Woher soll er sonst wissen, ob und in welcher Form Sie Kontakt haben möchten.

Oft reicht es aus, wenn Sie sich vom Hund abwenden und ihn nicht beachten. Einige Hundehalter nützen hier zusätzlich ein Aufhör-Signal, wie »Jetzt nicht« begleitet durch eine ruhige abwehrende Handbewegung. Dadurch wird dem

Hundehalter bewusster, dass er auf diese Art der Kontaktaufnahme nicht reagieren möchte und der Hund kann die Information »Kontakt nicht erwünscht« eindeutiger wahrnehmen. Bei Bedarf können Sie den Vierbeiner mit ruhigen Worten und Gesten von sich weg oder auf seine Decke schicken.

Sollte der Hund sehr aufgeregt oder mit Anspannung reagieren, sobald seine Wünsche nicht erfüllt werden, braucht es natürlich weitere, genau auf sein Verhalten abgestimmte Trainingsschritte.

Zuneigung oder Kontrolle? Der Vierbeiner folgt Ihnen auf Schritt und Tritt, legt sich so dicht neben oder auf Sie, dass Sie sich kaum bewegen können und schaut beständig, was Sie gerade machen. Ist das jetzt Zuneigung, kann er nicht ohne Sie sein oder kontrolliert er Sie?

Kontrollierendes, einschränkendes Verhalten bedeutet, den anderen in seiner Bewegungsfreiheit bewusst einzuschränken. Ein Beispiel, um den Unterschied zu erkennen: Wenn Sie beim freundschaftlichen Kontaktliegen die Position wechseln, bleibt Ihr Hund meist entspannt liegen bzw. rückt vielleicht später wieder etwas näher. Beim »kontrollierenden Kontakt« ist er sofort aufmerksam, wenn Sie nur Ihre Füße unter dem Hundekopf hervorziehen oder sich anders hinsetzen. In der Regel stellt er dann auch sogleich wieder den direkten Körperkontakt her und positioniert sich erneut auf, neben oder vor Ihnen.

Aber – will er Sie wirklich kontrollieren, im Sinne von über Sie bestimmen? Ich bezeichne es eher als erhöhtes Bedürfnis nach Nähe und den Wunsch über Ihre Aktionen Bescheid zu wissen. Ein solches Bedürfnis ist verständlich. Zu wissen was passiert und darauf reagieren zu können vermittelt ein gewisses Maß an Sicherheit und das ist für jedes Lebewesen von großer Bedeutung. Der eine braucht es mehr, ein anderer nicht so ausgeprägt.

Wenn Sie etwas verändern möchten, ist es wichtig zu wissen, woher dieses Bedürfnis kommt. Vielleicht folgt Ihnen der Hund überall hin, weil er Angst hat alleine zu sein, nicht zur Ruhe kommt, sich langweilt, erhofft, dass Sie beide jetzt gemeinsam etwas unternehmen oder weil er einfach gerne in Ihrer Nähe ist. Vielleicht drückt er sich an Sie, stellt sich auf Ihre Füße, weil er Ihre Unterstützung braucht und ihm der Körperkontakt Sicherheit gibt. Meist lässt es sich auch nicht an einer einzigen Handlung festmachen, was der Hund mit seinem Verhalten ausdrücken möchte, sondern erst wenn ein gewisses Muster erkennbar wird.

Wie und ob Sie darauf reagieren, hängt etwas davon ab, wie sehr Sie dieses Verhalten stört, der für mich ausschlaggebende Faktor ist jedoch, wie es dem Hund dabei geht. Wenn sich daraus ein Problem beim Alleinebleiben entwickelt, der Hund in große Unruhe gerät, sobald er Sie nicht mehr sieht, Ihnen nicht mehr nachfolgen darf oder alleine einfach nicht zur Ruhe kommt, braucht er Hilfe. Der Trainingsansatz richtet sich nach der Ursache. Folgt Ihnen der Vierbeiner auf Schritt und Tritt, weil ihm langweilig und er nicht ausgelastet ist, braucht es ein anderes Vorgehen als beim Hund mit Trennungs-Stress.

Manche Vierbeiner liegen oder stehen ständig im Weg, was recht unterschiedlich interpretiert wird: dominantes, kontrollierendes Verhalten, zu bequem/ignorant, um wegzugehen, er will alles/etwas Bestimmtes im Blick haben oder er braucht diese Nähe und hat viel Vertrauen in seine Menschen, weil es ihm beispielsweise nichts ausmacht, dass diese über ihn steigen.

Hunde denken und handeln nicht immer so kompliziert, wie wir manchmal meinen. Sie legen sich eben an bestimmte Plätze, weil sie sich dort wohlfühlen, den Überblick haben oder weil es in der Nähe ihrer Menschen ist. Unter Hunden ist das durchaus normal, genauso, wie an einem ruhenden Artgenossen vorbeizugehen. Entsprechend gelassen können auch Sie damit umgehen. Ob Sie ihm dann grundsätzlich einen geeigneteren Liegeplatz anbieten, weil der selbstgewählte wirklich sehr ungünstig liegt, Sie sich an ihm vorbeiquetschen, ihn beiseiteschieben, über ihn steigen oder ihn bitten, aus dem Weg zu gehen, kommt auf die Situation an. Ausschlaggeben ist, dass es für Sie beide passt und der Hund bei Bedarf jederzeit problemlos aus dem Weg geht.

Anders verhält es sich, wenn sich Ihnen der Hund bewusst in den Weg stellt, Sie am Betreten eines Zimmers hindert, bereits Ihre Annäherung mit zunehmender Anspannung beobachtet, bis hin zum steif werden und drohen oder wenn er sich auf ein Signal hin nur zögernd entfernt. Hier spricht vieles für ein eher grundsätzliches Problem zwischen Hund und Mensch, das individuell gelöst werden muss. Wenn es Ihnen zum ersten Mal passiert, sollten Sie den Hund keinesfalls einfach beiseiteschieben, sprechen Sie ihn ruhig an und rufen Sie ihn von der betreffenden Stelle weg.

Einander begrüßen

Viele Hunde begrüßen ihre Menschen nicht nur, wenn diese nach Hause kommen, sondern auch des Morgens beim Aufstehen oder nachdem beide einige Zeit in unterschiedlichen Räumen verbracht haben. Besonders junge Hunde sind da rasch zur Stelle, auch wenn ihr Mensch vielleicht nur kurz im Keller war. Sie schnuppern, welche Gerüche ihm anhaften oder vergewissern sich, ob noch alles beim Alten ist. Erwachsene Vierbeiner sind da meist etwas zurückhaltender, sie kennen die Abläufe und müssen nicht jedes Mal abklären, ob und was es Neues gibt. Ihre Kontaktaufnahme beschränkt sich vielleicht auf einen Blickkontakt oder ein kurzes Wedeln mit der Rute.

Nach einer längeren Abwesenheit verläuft die Begrüßung bei vielen Hund-Mensch-Teams etwas lebhafter. Der Vierbeiner kommt herbei, schnüffelt, manche drücken sich so intensiv an ihre Menschen oder springen an ihnen hoch, dass diese sich kaum bewegen können oder ins Straucheln kommen. Einige bringen Spielezeug herbei, wuseln aufgeregt herum oder folgen auf Schritt und Tritt. Viele Hundehalter freuen sich, dass sich ihr Hund so freut und gehen begeistert darauf ein. Solange sich beide damit wohlfühlen, ist eine ausgiebige Begrüßung durchaus in Ordnung. Vor allem wenn beide sanft und freundlich miteinander umgehen und die Begrüßung allmählich oder nach einer kleinen Intervention des Menschen in ein ruhiges Miteinander übergeht.

Wenn daraus ein regelrechter Begrüßungsmarathon entsteht, der Hund immer aufgeregter wird und Sie immer genervter, liegt oft ein Missverständnis zugrunde. Beide möchten ihre Freude und Zusammengehörigkeit ausdrücken, reden dabei aber beständig aneinander vorbei.

Eine Begrüßung unter Hunden verläuft meist recht unspektakulär, auch bei Tieren, die sich freuen, wieder aufeinander zu treffen. Sie begrüßen sich mit Signalen der aktiven Demut

Der Hund zeigt aktive Demut bei der Begrüßung seines Menschen. Er drückt sich an ihn, wedelt leicht mit niedrig gehaltener Rute, sein Blick ist weich und geht von unten nach oben zu seinem Menschen.

(s. Kapitel 3), heißen den anderen höflich willkommen, vergewissern sich, dass man sich nach wie vor gerne hat und alles in Ordnung ist. Der Begrüßte, insbesondere wenn er der ältere, gelassenere ist, bleibt dabei meist recht ruhig. Oft steht er nur entspannt da, wedelt ein paar Mal mit der Rute und lässt den anderen kurz gewähren, evtl. belecken sie sich gegenseitig. Nach kurzer Zeit wendet sich der Begrüßte ab, vielleicht gehen beide gemeinsam noch ein paar Schritte, damit endet die Begrüßung. Ab und an begrüßen sich auch Hunde, überwiegend Jungtiere, recht stürmisch oder beginnen sogleich miteinander zu spielen. Meist aber entwickelt sich auch ein Spiel erst nach einer passenden Begrüßung.

Verhält sich Ihr Hund allzu überschwänglich und findet kein Ende, wartet er vielleicht nur darauf, dass Sie ihm ruhig signalisieren: schön, dass wir wieder zusammen sind, aber nun können wir uns wieder anderen Dingen zuwenden. Er interpretiert Ihr Mitmachen, ihre Freude auf seine Weise und schließt daraus, dass er wohl seine Zuneigung noch nicht ausreichend zum Ausdruck gebracht hat, anderenfalls würden Sie doch die Begrüßung beenden? Also verstärkt er seine Bemühungen, vor allem wenn er ohnehin schon etwas unsicher ist. Und je mehr Sie sich dann darüber aufregen, desto mehr gerät der Hund in Aufregung – eine Endlosspirale.

Das sogenannten »Freudenpipi«, das vor allem junge Hunde bei Begrüßungen zeigen ist beschwichtigendes Verhalten und geschieht aus Aufregung und Unsicherheit. Viele Welpen urinieren fast automatisch, sobald ein erwachsener Hund an ihnen schnüffelt oder ein Mensch sie streichelt. In der Regel gibt sich das nach einiger Zeit. Zeigt es der Vierbeiner auch noch als Junghund sorgt dies oftmals für Unmut. Aber je mehr Sie sein Verhalten kommentieren, sich darüber aufregen oder den Hund ausschimpfen umso unsicherer wird er und das Beschwichtigen nimmt kein Ende. Seine unsichere, beschwichtigende Stimmung lässt sich auch an seiner Körpersprache ablesen: er macht sich klein, drückt sich auf den Boden, legt sich vielleicht auf die Seite oder den Rücken und klemmt die Rute ein. Er vermeidet direkten Blickkontakt, zieht die Lefzen leicht nach hinten und legt die Ohren mehr oder weniger eng an. Manche Vierbeiner zeigen diese Signale sofort, andere begrüßen zunächst etwas aufgeregt, wuseln herum oder springen am Menschen hoch und beschwichtigen dann zunehmend. Entspannen Sie das Zusammentreffen, machen Sie kein großes Aufheben darum. Sie könnten den jungen Hund kurz ignorieren, ehe Sie ihn ruhig ansprechen, ihm im Vorbeigehen Ihre Hand hinhalten oder ihn kurz streicheln. Kontraproduktiv sind in der Regel lebhafte Gesten, eine hohe aufgeregte Stimme oder wenn Sie sich dem Hund entgegenbeugen und ihn festhalten.

Und was ist mit dem Hund der Sie kaum oder gar nicht begrüßt? Hat er kein Interesse an ihnen, mag er Sie nicht? Vielleicht ist der Vierbeiner gerade sehr mit sich selbst beschäftigt, fühlt sich nicht wohl oder grundsätzlich noch nicht so sehr mit Ihnen bzw. Menschen allgemein vertraut. Meist liegt es daran, dass er einfach von Typ her etwas zurückhaltender ist. Er mag Sie sehr wohl und freut sich über Ihre Rückkehr, zeigt jedoch seine Verbundenheit etwas dezenter. Seine kleinen Begrüßungsgesten bestehen aus einem kurzen Körper- oder auch nur Blickkontakt, einem angedeuteten Wedeln, evtl. begleiten er Sie ein paar Schritte und legt sich dann wieder auf seine Decke oder in Ihre Nähe.

Hunde sind wunderbare Weggefährten. Durch sie sehen wir vieles mit anderen Augen, bemerken Dinge, an denen wir achtlos vorbeigegangen wären, und entdecken oft ganz neue Seiten an uns selbst.

DANKE

Die Idee zu diesem Buch schlummerte schon lange in mir, die Umsetzung dauerte jedoch geraume Zeit. Einen großen Anteil am Zustandekommen hatte meine Lektorin Claudia König. In den Gesprächen mit ihr entwickelte sich nach und nach aus meinen unsortierten Gedanken ein stimmiges Konzept. Liebe Frau König, ganz herzlichen Dank für die gute Zusammenarbeit und Ihre Motivation.

Vielen Dank an meine Hundefreunde und Kursteilnehmer, die durch ihre Fragen zur Hundesprache und zum Hundeverhalten dafür gesorgt haben, dass das Buch praxisnah geblieben ist.

Ein großer Dank geht an meine Familie und vor allem an Heinz. Ihr habt mich stets unterstützt, mir Zeit zum Schreiben gelassen und mir manchen guten Tipp gegeben.

Liebe Britta, Michael, Martina und Sonja, ganz herzlichen Dank für die schönen Fotos, sowie eure Zeit und Euer Engagement bei der Fotoauswahl und Zusammenstellung. Vielen Dank an Uli fürs zwischendurch Probelesen.

Und danke an all die Hunde, die mich begleitet haben, auch wenn es ein wenig seltsam klingen mag, den Hunden zu danken. Aber ohne die Vierbeiner, die Hunde in meiner Kindheit und Jugendzeit, meine eignen und die vielen, die im Laufe der Jahre bei mir im Training waren, wäre mein Leben um einiges ärmer. Ich hätte nie die Hundesprache kennen gelernt, nie gemerkt, wie differenziert und feinfühlig sich Hunde verhalten können und ich hätte nie das warme Gefühl erfahren, das sich einstellt, wenn sich Hund und Mensch fast ohne Wort verstehen. Wir sehen uns nur an und lesen die Gedanken des anderen oder empfinden und handeln im Einklang.

Zum Weiterlesen

Celina der Amo:

Hundeverhalten unter der Lupe

ISBN 9781708791261

Bernd Schröder:

Die außergewöhnlichen Sinnesleistungen unserer Hunde – Basis für Kommunikation und Verhalten

Müller Rüschlikon

ISBN: 978-3-275-02257-1

Barbara Wardeck-Mohr:

Geniale Hunde und ihre verblüffenden Fähigkeiten – Neues aus weltweiter Verhaltensforschung

Müller Rüschlikon

ISBN: 978-3-275-02256-4

Udo Gansloßer/Petra Krivy:

Mein Hund hat Stress

Müller Rüschlikon

ISBN: 978-3-275-02200-7

Katja Krauß, Gabi Maue:

Emotionen bei Hunden sehen lernen: Eine Blickschule

Kynos

ISBN 3954642166

Udo Gansloßer:

Verhaltensphysiologie und Medizin

Kosmos

ISBN 3440172368

Udo Gansloßer/Mechthild Käufer:

Und sie spielen doch

Kosmos

ISBN 3440171868

Weitere interessante Bücher von **Monika Schaal**

Monika Schaal

Der aufgeregte Hund

160 Seiten, 127 Bilder
ISBN 978-3-275-02102
€ 19,95 / € (A) 20,60

Monika Schaal

Hundeerziehung

160 Seiten, 164 Bilder
ISBN 978-3-275-02061-4
€ 19,95 / € (A) 20,60

Monika Schaal

Der Weg zum aufmerksamen Hund

96 Seiten, 80 Bilder
ISBN 978-3-275-02201-4
€ 11,95 / € (A) 12,80

Monika Schaal

Begegnungen an der Leine

96 Seiten, 75 Bilder
ISBN 978-3-275-02228-1
€ 11,95 / € (A) 12,80

Monika Schaal/Petra Rammelsberger

Bodenarbeit mit Hunden

96 Seiten, 82 Bilder
ISBN 978-3-275-02158-1
€ 11,95 / € (A) 12,80

Änderungen in Preis und Lieferfähigkeit vorbehalten.

Überall, wo es Bücher gibt, oder unter
WWW.MUELLER-RUESCHLIKON.DE
Service-Hotline: 0711 / 78 99 21 51